FORSCHUNGSBERICHTE DES LANDES NORDRHEIN-WESTFALEN

Nr. 1671

Herausgegeben

im Auftrage des Ministerpräsidenten Dr. Franz Meyers

von Staatssekretär Professor Dr. h. c. Dr. E. h. Leo Brandt

Dipl.-Ing. Werner Dürrfeld, Dortmund

*Institut für Markscheidewesen, Bergschadenkunde und Geophysik im Bergbau
an der Rhein.-Westf. Techn. Hochschule Aachen*

Untersuchungen über die Auslaufgefährlichkeit von Flözen der steilen Lagerung innerhalb des Rheinisch-Westfälischen Steinkohlenbezirks

Springer Fachmedien Wiesbaden GmbH

ISBN 978-3-663-06544-9   ISBN 978-3-663-07457-1 (eBook)
DOI 10.1007/978-3-663-07457-1

Verlags-Nr. 2011671

Mein aufrichtiger Dank gilt dem Direktor des Instituts für Markscheidewesen, Bergschadenkunde und Geophysik im Bergbau an der Rheinisch-Westfälischen Technischen Hochschule Aachen, Herrn o. Prof. Dr. Ing. H. HOFFMANN, für seine Betreuung der Arbeit, für seine großzügige, persönliche Hilfsbereitschaft und die wertvollen Hinweise, mit denen er die Untersuchung gefördert hat.
Ebenso danke ich meinem verehrten Lehrer, Herrn Prof. Dr. Ing. Dr. phil. Dr. mont. h. c. C. H. FRITZSCHE, für seine liebenswürdige Bereitschaft, die Mühe des Korreferates zu übernehmen.
Mein Dank gilt außerdem allen Bergwerksgesellschaften, die mit dem freundlicherweise zur Verfügung gestellten Material die Untersuchung ermöglicht haben.

WERNER DÜRRFELD

Inhalt

1.0.0. Die Aufgabenstellung und ihre Abgrenzung

Der Lehrstuhl für Markscheidewesen, Bergschadenkunde und Geophysik im Bergbau betraute den Verfasser im Frühjahr 1961 mit Untersuchungen über die Ursachen des Auslaufens von Kohle in Flözen der stark geneigten und steilen Lagerung des Ruhrgebietes. Die Untersuchung sollte auf statistischem Wege geführt werden und auf allen innerhalb des Ruhrgebietes über Fälle von auslaufender Kohle erstellten und erreichbaren Unterlagen aufbauen. Die Ergebnisse der Untersuchung sollten nach gebirgsmechanischen Gesichtspunkten interpretiert werden.

Der Verfasser hat es gleichzeitig als seine Aufgabe angesehen, mit der vorliegenden Arbeit eine Lücke in der Literatur auszufüllen. Das Auslaufen von Kohle ist, nach einem eingehenden Literaturstudium, bisher noch nicht zum Gegenstand einer zusammenhängenden und umfassenden Untersuchung gemacht worden.

Alle im Zusammenhang mit dem Auslaufen von Kohle stehenden Fragen galten sowohl in der Vergangenheit und gelten auch heute noch als »heißes Eisen«. Die sicherheitliche und wirtschaftliche Seite des Auslaufvorganges scheinen bis jetzt nicht miteinander vereinbar zu sein. Während auf der einen Seite eine sehr große Gefahr für den Bergmann besteht, fallen andererseits ohne jeglichen Arbeitsaufwand – wenn auch unkontrollierbar – große Kohlenmengen an.

Aus diesem Grunde ist die Praxis sehr häufig bestrebt gewesen, die Bergbehörde nicht unnötig auf Fälle von auslaufender Kohle aufmerksam zu machen. Die Anzahl der über solche Fälle erstellten Unterlagen ist demzufolge verhältnismäßig klein und die Zurückhaltung der Zechen bei Anfragen über Auslauffälle groß. Dieser Umstand ist der Grund für den beschränkten Umfang des der Arbeit zur Verfügung stehenden Untersuchungsmaterials.

1.1.0. Definition des Auslaufens von Kohle

Das Auslaufen von Kohle ist ein nicht bestimmt vorhersehbarer und nicht aufhaltbarer Vorgang, bei dem unter gewissen gebirgsmechanisch-geologischen und/oder abbautechnisch bedingten Voraussetzungen die anstehende Kohle einer Anzahl von Flözen der Bochumer- und Wittener-Schichten, deren Einfallen mehr als 50^g beträgt, unter Aufgabe ihrer sonst festgefügten Struktur unkontrollierbar und in nicht vorausbestimmbarem Umfang vorwiegend feinkörnig bis grobstückig aus dem Kohlenstoß ausläuft und dabei das Verhalten eines Schüttgutes zeigt.

Weil der Lagerungsbereich zwischen 50 und 100^g nach der nunmehr gültigen Festlegung *zwei* Einfallsgruppen angehört, wird aus Gründen der sprachlichen Vereinfachung zur Bezeichnung des Bereiches 50–100^g nachfolgend nur der Ausdruck »steile Lagerung« verwendet.

2.0.0. Kennzeichnende Merkmale des Auslaufens von Kohle

2.1.0. Das Auslaufen von Kohle, eine von alters her bekannte Erscheinung

Vor wenigen Jahren sind im Bochumer Raum Beweise für den im vergangenen Jahrhundert durch Auslaufenlassen in oberflächennahen Flözbereichen betriebenen Abbau gefunden worden. Nach alten Grubenbildern hätte die Kohle noch bis zu Tage anstehen müssen; tatsächlich war sie dort nicht mehr vorhanden. Da weder Versatz noch Reste alten Ausbaus an Stelle der Flöze auffindbar waren, und das Flözhangende verbrochen war, kann die Kohle nur durch Auslaufen gewonnen worden sein. Diese früher stillschweigend geübte Praxis der Kohlengewinnung verrät sich in Ausdrücken, die unter den älteren Bergleuten des südlichen Bochumer Raumes, des angrenzenden Dortmunder Raumes und des östlichen Teiles des Vestes heute noch gebräuchlich sind. Es wird dort von »melker Kohle«, von »Zapfen«, von »Melkebau« und »Zapfbau« gesprochen. Diese Ausdrücke geben ein anschauliches Bild der früheren Arbeitsweise: Die Kohle wurde einfach – wie die Milch einer Kuh – aus dem Flöz »gemolken« oder wie aus einem Faß »gezapft«. Die Gewinnungsarbeit bestand nur aus dem Laden der Kohle, die sich im Flöz selbst abbaute. Nach mündlichen Hinweisen sollen selbst noch vor wenigen Jahrzehnten im Dortmunder Raum Hunderte von Metern streichender Flözlänge nach dieser Methode im »Bruchbau«, wie das Verfahren gegenüber der Bergbehörde deklariert wurde, gewonnen worden sein.

Bedauerlicherweise mußten wegen der inzwischen erfolgten Zechenstillegungen im Bochumer Raum von neuem aufgenommene Betriebsversuche nach dem damals so bezeichneten »Selbstabbauverfahren« eingestellt werden. Die dabei gesammelten Erfahrungen hatten zu der Hoffnung berechtigt, einen im bergmännischen Sinn planmäßigen Abbau einiger Flöze unter geeigneten Voraussetzungen durchführen zu können. Auf der Schachtanlage Shamrock 1/2 betriebsplanmäßig zugelassene Versuche zur Erprobung des Selbstabbauverfahrens sind nach Kenntnis des Verfassers nicht durchgeführt worden.

2.1.1. Ort des Auftretens

Die Erscheinung des Auslaufens tritt in der Regel nur im *Flözbetrieb* der steilen Lagerung auf, beim Durchfahren von Flözen im Querschlagsvortrieb dagegen nur ausnahmsweise.

Auslaufen kann überall dort auftreten, wo sich die der Kohle innewohnende Schwerkraft in einen freien, bergmännischen Hohlraum auswirken kann. Das ist vornehmlich der Fall im Ortsbetrieb bei der Auffahrung von Abbaustrecken, im

Strebbetrieb, beim Herstellen von Aufhauen und beliebigen anderen Räumen im Flöz, ferner beim Bohren von Löchern, die nur im Flöz verlaufen, und bei der Herstellung von Aufbrüchen. Umgekehrt kann Auslaufen nicht auftreten, wenn die Flözkohle im Gesenk durchteuft wird oder wenn ein Abhauen hergestellt wird, und die bekanntermaßen zum Auslaufen neigende Kohle vorsorglich durch völlig dichten Verzug in Verbindung mit entsprechenden Ausbauverstärkungen am Auslaufen grundsätzlich gehindert wird.

Eine Gleitbewegung rieselfähiger, feinkörniger oder gelegentlich auch grobstückiger Kohle auf dem Flözliegenden oder auf der Mantelfläche eines schon durch Auslaufen entstandenen Schüttkegels ist erst dann möglich, wenn das Schichteinfallen 50^g und mehr beträgt, weil erst dann der Reibungswiderstand auf der Mantelfläche des Schüttkegels durch die Schwerkraftkomponente überwunden wird.

Aus diesem Grunde ist es ein falscher Sprachgebrauch, wenn im Ruhrgebiet das Ausbrechen von Kohlenlagen häufig mit »Auslaufen« bezeichnet wird. Die für das Auslaufen der Kohle charakteristische Fließbewegung kann erst ab 50^g Einfallen einsetzen.

Auf Grund dieser eindeutigen – und keineswegs neuen – begrifflichen Festlegung müssen sehr viele Vorkommnisse von Kohlefall, die fälschlich unter der Bezeichnung »Auslaufen von Kohle« aufgeführt wurden, unberücksichtigt bleiben. Sie verfälschen das Bild von der wirklichen Häufigkeit dieser Erscheinung.

2.1.2. Nicht-Voraussehbarkeit

Beim Antreffen besonders weicher oder mürber Kohle kann im allgemeinen nicht vorausgesagt werden, ob mit einem Bereich auslaufgefährlicher Kohle zu rechnen ist oder nicht.

Nach wie vor gilt noch die alte bergmännische Regel »Hinter der Hacke ist es duster«, und auch mit den modernen Erkenntnissen der Petrographie ist es nicht möglich, vorauszusagen, welche Kohlenfestigkeit einen Meter tiefer im Kohlenstoß zu erwarten ist. Daher kann auch eine mögliche, akute Auslaufgefahr *nicht* vorhergesagt werden.

Es hat nicht an Versuchen gefehlt, auf meßtechnischem Wege auslaufgefährliche Kohle frühzeitig zu erkennen. Umfangreiche Versuche mit Prallhammermessungen erbrachten kein befriedigendes Ergebnis. Deshalb ist es bis heute nur der Erfahrung des Hauers überlassen, Festigkeitsveränderungen innerhalb eines – seinem Charakter nach genau bekannten – Flözes als Anzeichen bevorstehender Auslaufgefahr zu deuten. Angaben über die Größe der Gefahr, d. h. über die Ausdehnung des Bereichs festigkeitsverminderter, auslaufgefährlicher Kohle können nicht gemacht werden.

Zechen, die häufig unter Auslaufen von Kohle zu leiden haben, treffen folgende Vorbeugungsmaßnahmen:

1. In Flözen mit ausgeprägter Auslaufgefährlichkeit werden möglichst nur zuverlässige, erfahrene und mit den Gefahren besonders vertraute Hauer eingesetzt.

2. Die Belegschaft solcher Strebbetriebe wird nach Möglichkeit nicht voneinander getrennt.

3. Falls möglich, wird das bisherige Verfahren umgestellt. (Z. B. Verzicht auf Herstellen von Aufhauen; statt dessen werden nur Abhauen gemacht.)

4. Der Abbauzuschnitt innerhalb einer Abteilung und die Abbaufolge der Flöze wird so gewählt, daß auslaufgefährliche Flöze so weit wie möglich vorentspannt werden.

Eine Zusammenstellung weiterer Maßnahmen, durch die die Auslaufgefahr gemindert werden kann, folgt an späterer Stelle.

2.1.3. Unaufhaltsamkeit eingeleiteter Auslaufvorgänge

Zu den besonderen Kennzeichen der Auslaufeigenschaft gehört die Unmöglichkeit, hemmend in einen einmal begonnenen Auslaufvorgang eingreifen zu können.

Ein unter Zusatzdruck stehender Kohlenstoß »arbeitet« und verrät dies normalerweise durch Knack- und Knistergeräusche. Diese sind ein Zeichen für Entspannungsvorgänge im Inneren der anstehenden Kohle. Treten derartige Entspannungsvorgänge jedoch mit so großer Intensität auf, daß der Kohlenstoß – mit einem Ausdruck der Praxis – »schmeißt«, oder Kohle aus ihm herausrieselt oder kleinere Lagen von Kohle in schneller Folge aus ihm herausbrechen, dann bedeuten diese Anzeichen mehr als normale Entspannung der Kohle: Sie deuten auf beginnendes Auslaufen.

Sofern die allerersten Anfänge der Entwicklung des Auslaufens von dem am Kohlenstoß arbeitenden Hauer überhaupt beobachtet werden, wird der betreffende Bereich des Kohlenstoßes in aller Eile mit Stempeln, Brettern, Versatzdraht oder Hanfgeweben möglichst dicht verzogen. Angesichts der geschilderten Unberechenbarkeit des Auslaufvorganges erfordert diese Maßnahme eine außerordentliche Entschlossenheit des Handelns und ausreichend vorhandene, geeignete Verzugsmaterialien. Im Regelfall wird der Hauer den Beginn des Auslaufens zwar feststellen, aber sein weiteres Eingreifen als nutzlos erachten und sich durch die Flucht in höher gelegene Teile des Strebs in Sicherheit bringen.

Die besonders tückische Eigenschaft des Auslaufens, sich in vielen Fällen *nicht* frühzeitig anzukündigen, sondern unvermittelt und unaufhaltsam zu beginnen, ist der Grund für die vielen tragischen, tödlichen Verschüttungen.

2.1.4. Gefährlichkeit für den Kohlenhauer

Es ist ein verständliches Bemühen des Kohlenhauers, bei der Gewinnung der Kohle von Hand, wie es zumeist in Abbaubetrieben der steilen Lagerung der Fall ist, mit einem Minimum an Kraftaufwand auszukommen. Durch geschicktes Führen des Gewinnungswerkzeuges, durch Ausnutzen der Schwerkraft und der Schlechten in der Kohle, kann die Gewinnungsarbeit erheblich erleichtert werden.

Daß hierzu insbesondere weicher werdende Kohle selbst beiträgt, ist selbstverständlich. Der im Umgang mit auslaufgefährlicher Kohle erfahrene Kohlenhauer fürchtet zwar übermäßig weiche Kohle, begrüßt aber ein hohes, vertretbares Maß an Weichheit. Leider ist der Grenzbereich zwischen der Vertretbarkeit und der Gefährlichkeit sehr schmal. Obwohl der Hauer mit dieser Gefahr vertraut ist, ist für ihn die Versuchung groß, die leichte Gewinnbarkeit der Kohle auszunutzen und größere Hangendflächen freizulegen als mit der Sicherheit für den Betrieb, für sich selbst und für die übrige Belegschaft zu vereinbaren ist. Hierdurch können die schon in der Existenz der Auslaufgefährlichkeit begründeten Gefahren durch menschliche Unzulänglichkeit noch erheblich erhöht werden. Aus diesen Gründen muß es als unabdingbare Forderung angesehen werden, in auslaufgefährlichen Flözbereichen nur erfahrene und zuverlässige Hauer einzusetzen, an kleinen und kleinsten Arbeitsstößen mit größter Vorsicht die Kohle zu gewinnen und einen tragfähigen und enggestellten Ausbau mit völlig dichtem Verzug des Flözstoßes unmittelbar nach dem Abkohlen einzubringen.

Kohle kann, dem Wesen des Auslaufvorganges nach, nur aus einem lagemäßig höheren Bereich in einen tiefer liegenden bergmännischen Hohlraum auslaufen. Der Vorgang kann höchstens so lange andauern, bis der tiefer liegende Hohlraum verfüllt ist. Aus diesem Grunde muß sich auslaufende Kohle in einem Streckenort bald »totlaufen«. Dies ist der Fall, wenn sich der größtmögliche Schüttkegel im Ort angeböscht hat. Die hierzu erforderlichen auslaufenden Mengen sind in der Regel gering. Demnach ist auch die Gefährdung von Hauern im Streckenvortrieb erheblich kleiner als im Strebbetrieb und beim Auffahren von Aufhauen. Das zeigt die Unfallstatistik, nach der die meisten Verschüttungen mit Erstickungen beim Auslaufen von Kohle im Streb und in Aufhauen verzeichnet werden.

Für die unterhalb einer Auslaufstelle im Streb oder Aufhauen befindlichen Bergleute besteht im Falle des Auslaufens größerer Kohlemassen keine oder nur eine geringe Chance, zu einem höher gelegenen Ort zu gelangen. Meistens müssen die Bergleute in Richtung der auslaufenden Kohle flüchten. Diese Feststellung ist für die Bergung von Verschütteten nach einem Auslaufereignis von entscheidender Wichtigkeit. Überlegungen, die den Ablauf solcher Bergungsarbeiten mitbestimmen, sind nachfolgend zusammengestellt, da sie ein noch deutlicheres Bild der Eigenschaften von auslaufender Kohle vermitteln.

1. Größe, Form und Lage eines entstandenen Auslaufraumes sind meist unbekannt, falls nicht – wie im Schrägbau manchmal möglich – der Auslaufbereich von der Kopfstrecke aus befahren werden kann. Es ist daher gewöhnlich nicht bekannt, ob sich die Kohle totgelaufen hat und der Auslaufraum verfüllt ist, oder aber ob sich der Kohlenstoß stabilisiert hat und ein ganz oder z. T. offener Auslaufraum besteht.

2. Es ist unbekannt, an welcher Stelle sich die eingeschlossenen Bergleute befinden. Es bestehen folgende Möglichkeiten:

   a) Sie wurden von dem ausfließenden Kohlestrom erfaßt und verschüttet. Es besteht wenig Wahrscheinlichkeit auf Bergung von Lebenden – Erstickungstod –.

b) Sie stürzten auf der Flucht zur Sohlenstrecke ab, »ertranken« in ausgelaufener Staubkohle oder gerieten in dichteste Kohlenstaubwolken. Der Erstickungstod der Leute ist wahrscheinlich.

c) Die Leute konnten sich im Höchsten (z. B. Aufhauen) in Sicherheit bringen, weil das Auslaufen vor der restlosen Verfüllung des freien Raumes aufhörte. Die Chance einer Bergung ist gegeben.

3. Bei verhältnismäßig geringer Höhe des Auslaufbereiches über der Grundstrecke kann versucht werden, einen Teil des ausgelaufenen Kohlevolumens durch die Ladekästen abzuziehen. Sofern dies sehr rasch geschieht, ohne daß dabei die gesamte Menge der ausgelaufenen Kohlen in Bewegung gerät, besteht Hoffnung, die Leute mit dem auslaufenden Kohlestrom zu bergen. Diese Bergungsweise setzt voraus, daß die Leute beim Beginn des Auslaufens sofort vom Kohlestrom erfaßt worden sind und wenig oberhalb der Ladekästen eingeschlossen sind.

4. Bei geringer Höhe eines Aufhauens oder des Unglücksknapps ist das Herstellen eines Bergungsaufhauens eine sichere Lösung. Hierdurch wird vermieden, die ausgelaufenen Kohlenmassen erneut in Bewegung zu bringen. Außerdem wird damit der Fortsetzung des Auslaufvorganges entgegengewirkt.

Nur nach der genauen Kenntnis der Flözeigenschaft und der örtlichen Gegebenheit sowie nach den Überlebenschancen für die Eingeschlossenen kann unter Beachtung der größtmöglichen Sicherheit für die Bergungsmannschaften und den Betrieb selbst der jeweils zweckmäßigste Bergungsweg beschlossen werden.

2.1.5. Brandgefährdung

Durch das Auslaufen größerer Kohlenmassen und die damit einhergehende starke Ausgasung der Kohle kann nicht nur eine beträchtliche Grubengasansammlung, sondern auch eine Grubenbrandgefahr entstehen. In der Regel wird ein entstandener Auslaufraum so schnell wie möglich gesichert, um den Förderbetrieb wieder anlaufen lassen zu können. Bisweilen muß jedoch ein ausgelaufener Schrägbau oder ein Aufhauen gänzlich aufgegeben und abgeworfen werden. Wie später noch ausgeführt wird, ist dies in früheren Zeiten weitaus häufiger als heute geschehen. Damit war früher auch die Brandhäufigkeit entschieden größer, wie sich unschwer aus alten Grubenbildern ablesen läßt, in denen oft zahllose Brandfelder verzeichnet sind.
Die Gründe für diesen Tatbestand sind einleuchtend: Die heutige Abbaumethodik und die Betriebsüberwachung unterscheiden sich grundsätzlich von der früherer Zeiten. Während noch vor 40 Jahren eine Bauhöhe zwischen 2 Sohlen üblicherweise mehrfach unterteilt und in Treppenbauart mit fallendem Verhieb (2–5 Mann Belegung pro Schrägbau) abgebaut wurde, ist heute der Schrägfrontbau das einzige angewendete Abbauverfahren in der steilen Lagerung. Wenn nach vorausgegangenem Auslaufen früher ein Schrägbau aufgegeben werden mußte, weil der

Kohlenstoß wegen seiner Weichheit nicht mehr zu beherrschen war, dann stellte dies einen weitaus geringeren Verlust dar als heute. Infolgedessen ist man früher auch eher entschlossen gewesen, neu aufzuhauen, wenn Aufwältigungsarbeiten als zu aufwendig erschienen. Die auf alten Grubenbildern zu findenden zahlreichen Kohleninseln wurden oft zu Brandfeldern. Inseln und Brandfelder zusammen haben die Auslaufneigung und die Gefährlichkeit bestimmter Flöze immer weiter gesteigert. Nachdem die schädliche Wirkung von Kohleninseln und Kohlenpfeilern heute zur Genüge bekannt ist, versucht man sie unter allen Umständen zu vermeiden, indem Auslaufstellen wieder aufgewältigt werden, selbst wenn es eines kaum noch zu vertretenden großen Aufwandes bedarf.

2.1.6. Zusammenfassung der allgemeinen Merkmale von auslaufender Kohle

Das Auslaufen von Kohle ist durch die neun nachfolgend aufgezählten Hauptmerkmale gekennzeichnet.

1. Auslaufen tritt ausschließlich in Flözen der halbsteilen und steilen Lagerung (50–100^g) auf.

2. Unter noch näher zu untersuchenden Einflüssen verliert die Kohle einer beschränkten Anzahl von Flözen ihren inneren Zusammenhalt und läuft in den unterschiedlichsten Korngrößen – von staubfein bis grob-stückig – wie ein Schüttgut aus dem Kohlenstoß aus.

3. Es entstehen Auslaufräume, die entweder die Form einer Glocke oder eines Kamines besitzen.

4. Im wesentlichen treten Auslaufvorgänge im Abbau, bei der Auffahrung von Aufhauen und beim Abbaustreckenvortrieb auf.

5. Im Gegensatz zu Strebbrüchen ist das Überraschungsmoment für den Hauer beim Auslaufen der Kohle sehr groß, daher auch die häufigen Verschüttungen.

6. Ein einmal eingeleiteter Auslaufvorgang kann in fortgeschrittenem Stadium nicht mehr aufgehalten werden.

7. Welche flächenmäßige Ausdehnung ein Auslaufbereich annehmen wird, kann nicht vorausgesagt werden.

8. Das Aufhören des Auslaufens braucht nicht unbedingt das Ende des Vorganges überhaupt zu sein. Nach allgemeiner Betriebserfahrung können Erschütterungen oder andere kleine Gebirgsbewegungen, gleich welcher Herkunft, Auslaufvorgänge wiederholt anregen. Für Bergungs- und Wiederaufwältigungsarbeiten ist ein solches Verhalten der Kohle nicht nur gefährlich und erschwerend, sondern auch der Anlaß dafür, manchmal ganze Betriebspunkte aufgeben zu müssen.

9. Wegen der mürben und feinkörnigen Struktur ausgelaufener Kohle kann eine plötzliche und starke Ausgasung auftreten. Die leichtere Selbstentzündbarkeit ausgelaufener Kohle kann zu Flözbränden führen.

3.0.0. Das der Untersuchung zugrunde liegende Material

3.1.0. Umfang der Aufzeichnungen über Fälle von auslaufender Kohle

Nach der Aufgabenstellung der vorliegenden Arbeit sollten alle im Ruhrgebiet über das Auslaufen von Kohle vorhandenen und erreichbaren Unterlagen zusammengetragen und ausgewertet werden. Die nachstehende Aufstellung zeigt zunächst, welche Arten von Unterlagen und Aufzeichnungen durch die Zechen an die Bergbehörde geliefert werden, welche sonstigen Aufzeichnungen darüberhinaus noch bestehen und im günstigsten Fall der Erfassung zur Verfügung stehen konnten:

1. Auslauffälle werden mit den »Zählbögen für Strebbrüche« sowie mit den »Zählbögen für Unfälle durch Stein- und Kohlefall« den zuständigen Bergämtern gemeldet.
2. Als Anlage zu 1. sind den Meldungen beigefügt:
    a) Markscheiderische Zeichnung oder Skizze der Unfallstelle mit Angabe des Schlechtenverlaufes, der Art und Stärke des Ausbaus, der Verhiebsrichtung, des Standes des Versatzes und des Befundes nach dem Auslauffall.
    b) Schichtenschnitt durch die Unfallstelle auf mindestens 50 m Entfernung oberhalb des Flözhangenden und 50 m unterhalb des Flözliegenden.
    c) Rißauszug mit allen erforderlichen Einzelheiten.
    d) Rißauszug von hangenden oder liegenden Bauen, die auf das Auslaufen eingewirkt haben können.
3. Bergamtlicher Befahrungsbericht.
4. Bergamtliche Unfalluntersuchung.

Bei Vorfällen mit Unfallbeteiligung von Bergleuten:

5. Erstattung der Unfallanzeige an die Bergbau-Berufsgenossenschaft mit Beschreibung des Betriebsteiles, des Unfallortes, der Unfallursache und der inneren Veranlassung des Ereignisses.
6. Eintragung in das bei den Zechen geführte bergamtliche Unfallverzeichnis.

Aufzeichnungen bei den Zechen:

7. Gelegentlich anzutreffende und nur für den innerbetrieblichen Gebrauch bestimmte Berichte über vorgekommene Auslauffälle.

8. Gegebenenfalls Berichte der von der Zeche durchgeführten eigenen Unfalluntersuchung.

9. Aufzeichnungen von Auslauffällen größeren Umfangs und gegebenenfalls Kennzeichnung durch Beschriftung mit »ausgelaufene Kohle« in den Zulegerissen des Grubenbildes. Gelegentlich Sonderzulagen von Auslaufbereichen.

10. Zählstatistiken in den Jahresberichten des Oberbergamtes, in denen Auslauffälle allerdings nicht immer gesondert als solche ausgewiesen wurden, sondern auch unter der Rubrik »Kohlenfall«, »gleichzeitiger Stein- und Kohlenfall«, »Strebbruch« oder »gleichzeitiger Streb- und Streckenbruch« erschienen.

Mit Ausnahme der unter 6.–9. genannten Angaben liegen die erstellten Unterlagen über sämtliche im Ruhrbezirk vorgefallenen Auslaufereignisse beim Oberbergamt in Dortmund geschlossen vor. Jedoch wurden sie für die Durchführung der Untersuchungen nicht zur Verfügung gestellt. Auf Grund gesetzlicher Bestimmungen erklärte sich das Oberbergamt nicht zur Herausgabe von Unfallakten befugt, da hierdurch berechtigte Interessen anderer verletzt werden könnten. Deshalb verhandelte der Verfasser ersatzweise mit den Werksleitungen von 57 in der steilen Lagerung des Ruhrgebietes bauenden Schachtanlagen, um auf den Zechen

1. Einsicht in dort vorliegende Durchschriften der an die Bergbehörde gegebenen Unterlagen über Auslauffälle nehmen zu können,

2. die interessierenden Teile des Grubenbildes – im Bereich der Auslaufstelle – einsehen und bearbeiten zu dürfen,

3. spezielle Auskünfte bei den Sicherheitsabteilungen und Markscheidereien zu erbitten und

4. Grubenfahrten zu auslaufgefährlichen Flözen machen zu können.

Die von den Zechen zur Verfügung gestellten Unterlagen erreichten nicht den Umfang des beim Oberbergamt vorliegenden Untersuchungsmaterials. Die Materialsammlung blieb auch deswegen unvollständig, weil es längst nicht bei allen Schachtanlagen möglich war, Zweifel darüber auszuräumen, ob durch das Ergebnis der nochmaligen Bearbeitung von früheren Fällen auslaufender Kohle eine erneute behördliche Überprüfung eingeleitet werden könne. Trotz dieser Erschwernisse gebührt den Werksleitungen aufrichtiger Dank für die große Aufgeschlossenheit, mit der sie die Untersuchungen nach besten Kräften unterstützt haben.

Die für die Untersuchung verwendbaren Angaben aus den unter 1., 2. und 5. genannten Unterlagen sind:

1. Name der Schachtanlage
2. Datum und Uhrzeit
3. Vor/nach Feierschicht/Festtag
4. Früh-, Mittag-, Nachtschicht
5. Gewinnungs-, Umlege-, Versatz-, Raubschicht

50. Art der Sicherung gegen Umschieben der Streckenbaue
51. Abweichungen von 24.–50.
52. Ausbau zerbrochen/umgeschoben, im Streb/in der Strecke
53. Umfang des Bruches im Streichen/im Einfallen
54. Mächtigkeit der hereingebrochenen Dachschichten
55. Tätigkeit der Strebbelegschaft z. Z. des Strebbruchs
56. Hergang und vermutliche Ursache des Strebbruchs
57. Benachbarte Grubenbaue, die auf die Bruchstelle eingewirkt haben können.

3.2.0. Umfang der angelegten Materialsammlung

Insgesamt sind von den Zechen 110 Fälle von auslaufender Kohle namhaft gemacht worden. Diese stammen von 28 verschiedenen Schachtanlagen des mittleren, südlichen und östlichen Ruhrgebietes. Zu dem in Tab. 1 zusammengestellten Untersuchungsmaterial zählen: Unfallskizzen, 91 Grundrisse, 89 Schnittbilder, 80 Schichtenprofile und 52 Abschriften von Zählbögen. Soweit markscheiderische Angaben in den Anlagen zu den Unfallskizzen fehlten, sind sie soweit wie möglich aus dem Grubenbild nachträglich vervollständigt worden.

Tab. 1

Anzahl der erfaßten Auslauffälle	Grundrisse	Schnittbilder vom Unfallsort	Schichten- schnitte	Zählbögen
110	91	89	80	52

Der Erfassungszeitraum der in der Materialsammlung enthaltenen Auslauffälle reicht von 1946 bis 1961 und ist so groß gewählt, um ein möglichst umfangreiches Untersuchungsmaterial zur Verfügung zu haben. In der Tab. 2 ist die Anzahl der Auslauffälle in jedem Jahr des Untersuchungszeitraumes angegeben.

Tab. 2

Jahr	1946	47	48	49	50	51	52	53	54	55	56	57	58	59	60	61	
Anzahl	2	–	3	3	5	3	12	8	11	8	7	8	9	17	5	7	Summe 110

Im Verlaufe der Auswertung des Materials wurde erkannt, daß 34 der aufgenommenen Fälle nicht bearbeitungswürdig waren.

Hierunter befanden sich:

1. Fälle ohne ausreichende Unterlagen.
2. Auslauffälle, die durch Sekundärursachen, z. B. nach eingetretenen Strebbrüchen, ausgelöst worden waren.
3. Bagatellfälle, in denen nur minimales Auslaufen oder Abreißen von Knappecken aufgetreten war.

Zur *endgültigen Auswertung* verblieben 76 Auslauffälle.

Bei den auf den Schachtanlagen durchgeführten Materialsammlungen konnten häufig drei wichtige Fragen nicht mit hinreichender Sicherheit geklärt werden:

1. Sind wirklich *alle* jemals im Laufe der letzten 10 Jahre aufgetretenen kleineren und größeren Auslaufvorkommnisse zur Verfügung gestellt worden oder nicht?
2. Können die vom Verfasser ermittelten Auslauffälle ein repräsentatives Bild vom tatsächlichen Auslaufgeschehen auf der jeweiligen Schachtanlage geben oder nicht?
3. Ist die Häufigkeit der vorgekommenen Auslauffälle möglicherweise ungleich größer als die Zahl der der Behörde bekannten Fälle?

Um hierüber ein ungefähres Bild zu gewinnen, wurden bei etwa 30% der aufgesuchten Schachtanlagen Stichproben mit Hilfe des allgemeinen Unfallmeldewesens vorgenommen. Der Untersuchung lag folgende Überlegung zugrunde: Stark auslaufgefährliche Kohle muß häufiger als nicht auslaufgefährliche Kohlefall verursachen. Da Kohlefall eine gefährliche Unfallquelle ist, schlägt sich sein Auftreten in der Unfallhäufigkeit nieder. Weil aber für alle Arbeitsunfälle mit vermutlich längerer als dreitägiger Arbeitsunfähigkeit eine Unfallanzeige an die Bergbauberufsgenossenschaft erstattet wird, kann die Häufigkeit von Kohlefallunfällen in der steilen Lagerung zum ungefähren Maß für die Kohlenfestigkeit werden.
Seit dem 1. 1. 1957 ist von der Bergbauberufsgenossenschaft eine neue Verschlüsselung der Unfallursachen eingeführt worden. Die bis dahin üblichen allgemeinen Angaben »Kohlefall« und »gleichzeitiger Stein- und Kohlefall« sind von diesem Zeitpunkt an nach Ursachen und fallenden Mengen wie folgt spezifiziert worden. (In der Aufstellung sind die Schlüsselzahlen nicht mit aufgeführt.)

Einzelbrockenfall

    bis Faustgröße
    bis etwa Kopfgröße
    bis 50 kg
    Gesteins-/Kohlenlagen

Auslaufendes Gebirge, Kohlen oder Mineralien
(außer auslaufende Steinkohle in Flözbetrieben)

    bis   1 t
    1– 5 t
    5–10 t
    über 10 t

Auslaufende Steinkohle in Flözbetrieben
freigelegte Hangendfläche

    bis   5 m²
    5–15 m²
    15–30 m²
    über 30 m²

Bruch geringeren Umfangs im Abbau
(Ausbau ganz oder z. T. zerstört, Fahrung jedoch noch möglich)
Hangendes ausgebrochen

    bis   2 m²
    2– 5 m²
    5–10 m²
    10–20 m²
    über 20 m²

Bruch größeren Umfangs im Abbau
(Ausbau vollständig zerstört, Fahrung nicht mehr möglich)
Länge des Bruches

    bis   5 m
    5– 10 m
    10– 20 m
    20– 50 m
    50–100 m
    über 100 m

Brüche in Strecken und anderen Grubenräumen

Da bei den Schachtanlagen sämtliche nach dem Kriege erstatteten Unfallanzeigen
vorliegen, konnte bei Durchsicht der interessierenden Schlüsselzahlen sehr schnell
ein Überblick über die Verletzungshäufigkeit durch die Ursache »auslaufende
Kohle« gewonnen werden. Der Umfang des in dieser Weise insgesamt gesichteten
Stichprobenmaterials aus dem Zeitraum 1951–1961 betrug rd. 100 000 Unfallanzeigen.

3.3.0. Kritische Würdigung des Untersuchungsmaterials

Zur Erklärung für den beschränkten Umfang an Unterlagen, von denen die Untersuchung ausgehen mußte, kann nicht darauf verzichtet werden, noch folgende Erläuterungen zu geben.

1. Obwohl das Auslaufen von Kohle eine im mittleren, südlichen und östlichen Ruhrgebiet altbekannte Erscheinung ist, hat sie sich bislang jeder wissenschaftlichen Untersuchung entzogen und eine fast zwielichtig zu nennende Rolle gespielt. Von seiten der Bergbehörde ist der »Zapfbau« wegen technischer *und* sicherheitlicher Bedenken zu keiner Zeit gebilligt oder gar genehmigt worden. Weil er aber ein außerordentlich wirtschaftliches Gewinnungsverfahren darstellte, mit dem ein Mehrfaches der heutigen Gewinnungsleistung erzielt werden konnte, hat es ihn zu allen Zeiten gegeben. Die Grubenbetriebe sahen den Zapfbau in Hinsicht auf die persönliche Sicherheit des Hauers in keiner Weise als gefährlich an, da der »Gewinnungsbetrieb« gar nicht betreten zu werden brauchte. Das Laden der ausgelaufenen Kohle erfolgte in der gesicherten Grundstrecke.
Somit mußte es früher im Interesse der Grubenbetriebe gelegen haben, der Bergbehörde die Existenz derartiger »Melkebaue« peinlichst zu verschweigen. Diese Einstellung besteht heute noch vielfach, und es wird möglichst vermieden, der Bergbehörde unaufgefordert zu berichten, wenn in betriebsplanmäßig zugelassenen Abbaubetrieben Kohle in begrenztem Umfang ausläuft, *ohne* daß dabei Bergleute verunglücken. Aus diesem Tatbestand heraus ist der berechtigte Argwohn der Bergbehörde gegenüber jedem Vorkommnis von auslaufender Kohle zu verstehen.

2. Seitdem zur planmäßigen Erfassung aller auftretenden Auslauffälle die Betriebsführer der Schachtanlagen durch Verfügung des Oberbergamtes in Dortmund vom 12. 5. 1952 verpflichtet wurden, analog zu Meldungen über Streb- und Streckenbrüche den zuständigen Bergämtern Meldung zu machen, wenn an Betriebspunkten der steilen Lagerung durch auslaufende Kohle eine Hangendfläche von mehr als 10 m² freigelegt wird, ist ein erneutes Dilemma entstanden.

Die Betriebe betrachteten die eingeführte Meldepflichtgrenze von 10 m² freigelegter Hangendfläche als unzumutbar und argumentierten wie folgt: Im Schrägbau mit firstenartigem Verhieb (Firstengröße 4 × 4 m) werden beim Abreißen einer ganzen Firste bereits 10 m² Hangendfläche freigelegt. Bei sofortigem und gewissenhaftem Abfangen des Stoßes ist sogleich jede weitere Gefahr für den Streb gebannt. Aus diesem Grunde betrachtet der Betrieb einen solchen Vorfall, der nach der gegebenen Definition noch nicht einmal einen Auslauffall darstellt, als ungeschehen, zumal der Bereich schon meist nach zwei Gewinnungsschichten mit dem Streb überfahren und die neue Firste wieder angesetzt sein kann. Derartige Vorkommnisse sind in der steilen Lagerung häufig. Sie sind aber auch nicht besonders gefährlich und gelangen darum häufig nicht einmal zur Kenntnis der Werksleitung.
Aus einem zugestandenen Verständnis für diese Gegebenheiten und zur beiderseitigen Entlastung von Betrieb und Bergbehörde wurden seither kleinere Aus-

lauffälle mit einer sinnvollen Großzügigkeit behandelt. Allerdings wurden für derartig kleine Fälle auch keine Unterlagen mehr erstellt. Im Endergebnis hat die Verfügung des Oberbergamtes damit nicht zu einem lückenlosen Überblick über den gesamten Umfang des Auslaufgeschehens im Ruhrgebiet geführt.

Vor einigen Jahren war deswegen ein Bergamt dazu übergegangen, durch Absprachen mit den Betrieben seines Aufsichtsbereiches tatsächlich *alle* Auslaufereignisse zu erfassen. Es wurde vereinbart, die Meldungen nicht zur weiteren Verfolgung der Fälle dienen zu lassen, sondern lediglich zur breitesten Erfassung und zur Erforschung des Mechanismus des Auslaufens. Damit wurde ein wichtiger Schritt getan, das gegenseitige Mißtrauen gegenüber der bestehenden Meldepflicht abzubauen.

3. Folgender weiterer Umstand wirft noch ein bezeichnendes Licht auf das Wesen und die Erfassung von Auslauffällen: Auslauffälle sind nach objektiver Beurteilung *nicht* immer unabwendbare Ereignisse.

Der laufende Abbaubetrieb stellt an den Kohlenhauer gleichzeitig zwei Forderungen: sicheres Arbeiten und hohe Leistung. Beide Forderungen stehen in einem natürlichen Gegensatz zueinander, insofern als die Beachtung der erforderlichen Sicherheit nur ein Leistungsoptimum, nicht aber das Leistungsmaximum zu erreichen erlaubt. Will dennoch ein Hauer das Leistungsmaximum *ohne* Beachtung der erforderlichen Sicherheit gewaltsam erzielen, so kann unter übrigen geeigneten Voraussetzungen ein Auslauffall eintreten. Hierdurch werden Störungen des Betriebs verursacht. Die Störungen bedingen eine verminderte Förderleistung. Diese ihrerseits wirft die Frage nach dem für die Störung Verantwortlichen auf. Es ist hinlänglich bekannt, wie schwierig die Klärung solcher Fragen bei nachträglichen Untersuchungen ist. Um soweit wie möglich persönliche Anschuldigungen auszuschließen, entstehen bei den Untersuchungsverfahren sehr häufig Darstellungen, die bestimmt *nicht* in vollem Umfang dem tatsächlichen Hergang des Ereignisses und den obwaltenden Begleitumständen entsprechen. Bedauerlicherweise werden dadurch – aus Mangel an Gegenbeweisen – offensichtlich unrichtige Darstellungen oder zumindest unvollständige Ermittlungen aktenkundig.

4. Da Meldungen von Auslaufereignissen an die Bergbehörde in vielen Fällen angeblich nur in einfacher Ausfertigung erstellt werden und Durchschriften von bergbehördlichen Zeugenvernehmungen vielerorts nicht in den Händen der Zechen verbleiben dürfen, ist aus allen aufgeführten Gründen die Gesamtzahl der erreichbaren Unterlagen klein.

5. Aus der Zusammenstellung (S. 19) der in den Zählbögen enthaltenen Merkmale ist zu ersehen, daß diese auf die Erfassung von Strebbrüchen zugeschnitten sind und der Bruchursachenforschung dienen. Da aber gleichzeitig auch alle Fälle von auslaufender Kohle mit dem gleichen Zählbogen erfaßt werden, können die Merkmale den hier geforderten Ansprüchen aus den nachfolgenden Gründen nicht genügen:

a) In ihren Entstehungsursachen und ihrem Ablauf sind Strebbrüche und Auslauffälle zwei völlig verschiedene Vorgänge. Die Merkmale der sie auslösenden
   Ursachen können daher auch nicht mit einem gemeinsamen Zählbogen erfaßt
   werden.

b) Die Merkmalsskala für Auslauffälle muß angesichts der Komplexität des
   Auslaufvorganges und seiner bisherigen Unerforschtheit erheblich breiter
   angelegt sein.

6. Als größter Nachteil der Unterlagen ist der Mangel an quantitativen Angaben
über die Beschaffenheit des Nebengesteins der Flöze und über die physikalischen
Eigenschaften der auslaufgefährlichen Kohle (Festigkeit, petrographischer Aufbau und dgl.) anzusehen. Da geeignete Meßmethoden zur Erlangung dieser
Angaben noch nicht entwickelt sind, konnte die Ursachenforschung für die Auslaufgefährlichkeit bei den technisch-mechanischen Eigenschaften der Flöze, ihrer
Struktur, ihrer Kleintektonik und der Ausbildung der Nebengesteinsverhältnisse
bisher noch nicht wirkungsvoll einsetzen. Vielmehr muß sie ausschließlich von
der Summe aller auslösenden Ursachen ausgehen und sich auf äußere Erscheinungsformen der Auslaufvorgänge stützen.

7. Markscheiderische Angaben und Aufzeichnungen von Auslaufbereichen sind
exakt und über jede Kritik erhaben. Allerdings werden kleine Auslaufbereiche in
den Zulegerissen der Zechen sehr oft nicht eingetragen, weil die Markscheidereien
von seiten des Betriebes nicht immer über alle Vorfälle in der Grube unterrichtet
werden. Die zeichnerischen Darstellungen der Auslaufbereiche können auch nicht
immer vollständig die Gegebenheiten wiedergeben, weil sie entweder

a) ohne Einmessung des Auslaufbereichs erstellt werden, wenn der entsprechende
   Grubenraum nicht mehr befahrbar ist oder aufgegeben worden ist, oder

b) nach Angaben des Grubenbetriebes angefertigt werden.

8. Von seiten des Betriebes durchgeführte betriebliche Nachuntersuchungen über
die Ursachen von Auslauffällen waren nicht verfügbar.

9. In Angaben über die vermutlichen Ursachen der Auslauffälle wurden oft
örtliche Besonderheiten der Flözausbildung und eines Betriebszustandes *vor* dem
Auslaufen der Kohle als bekannt vorausgesetzt und daher nicht schriftlich niedergelegt.

4.0.0. Auswertung des Untersuchungsmaterials

4.0.1. *Erfassung der aus den Einzeluntersuchungen stammenden Ergebnisse in einer Handloch-Kartei*

Zum Zwecke der übersichtlichen Erfassung aller bei den Einzeluntersuchungen vorgefundenen und ergänzten Angaben diente die zeitweilige Zusammenarbeit mit dem Dezernat »Gebirgsdruck, Grubenausbau« beim Steinkohlenbergbauverein, Essen. Dieser hatte im Frühjahr 1961 ebenfalls damit begonnen, eine damals noch kleine Sammlung von Auslaufereignissen aus jüngster Zeit anzulegen und für die spätere Auswertung eine Lochkarte zu entwerfen.
Die Verwendung von Lochkarten als Datenspeicher schien nämlich in der Erwartung einer großen, auf 300–400 geschätzten Zahl von zu erfassenden Fällen, das gegebene Organisationsmittel zu sein. Der ursprünglich für Untersuchungen von Grubenausbaufragen angelegte Schlüssel wurde für die besonderen Zwecke der Erfassung von Auslauffällen in geeigneter Weise umgearbeitet und ergänzt, so daß er in seiner endgültigen Form 217 Merkmale und Untermerkmale enthielt und seine drei Aufgaben erfüllen konnte:

1. Er sollte die planmäßige Verfolgung des Untersuchungsganges bei den Einzeluntersuchungen sicherstellen.
2. Für die nachfolgende Auswertung sollten in allen Untersuchungsfällen die gleichen untersuchten Merkmale zur Verfügung stehen.
3. Die sofortige Übertragung festgestellter Meßwerte und Beschreibungsmerkmale in die Lochkarte sollte ermöglicht werden.

In übersichtlicher Form werden die Merkmale des erarbeiteten Schlüssels nachstehend aufgeführt:

Art des Grubenraumes

     Ortsquerschlag
     Flöz- und Abbaustrecke
     Aufhauen:
      Steilaufhauen
      Schrägaufhauen
      Aufhauen zur Strebumfahrung

Legende der verwendeten Abkürzungen:

S	Sandsteinschichten	Hgd	Abbauhangendes
SSch	Sandschieferschichten	Lgd	Abbauliegendes
Sch	Schieferschichten	Ss	Streckensohle

Gewinnungsbetrieb:
Schrägbau in vollem Abbau
Schrägbau wird z. Z. angesetzt
Schrägbau im Anlaufen
Vorsatzknapp (Ladestrecke)
Strebkopf (Bergezufuhrstrecke)
oberes   ⎫
mittleres   ⎬ Schrägbau-Drittel
unteres   ⎭
Kippstelle (in der Kopfstrecke.)

Stratigraphische Lage Sprockhöveler -Schichten
des auslaufenden Flözes Wittener   -Schichten
Bochumer   -Schichten
Essener/Horster-Schichten
Dorstener   -Schichten

Teufe unter Tagesoberfläche 0– 300 m
300– 600 m
600– 900 m
900–1200 m
über 1200 m

Deckgebirgsmächtigkeit 0 m
0– 200 m
200– 400 m
400– 600 m
über 600 m

Schichteinfallen 50– 60^g
60– 70^g
70– 80^g
80– 100^g
überkippte Lagerung

Hangend- und Liegendaufbau 5 –50 m über Hgd bzw. Ss
S   mächtiger als 10 m
SSch mächtiger als 10 m
Sch mächtiger als 10 m

0,5– 5 m über Hgd bzw. Ss
S   mächtiger als 0,5 m
SSch mächtiger als 0,5 m
Sch mächtiger als 0,5 m

28

0 – 0,5 m über Hgd bzw. Ss
   S   mächtiger als 0,3 m
   SSch mächtiger als 0,3 m
   Sch   mächtiger als 0,3 m

0 – 0,5 m unter Lgd bzw. Ss
   S   mächtiger als 0,1 m
   SSch mächtiger als 0,1 m
   Sch   mächtiger als 0,1 m

0,5– 5 m unter Lgd bzw. Ss
   S   mächtiger als 0,5 m
   SSch mächtiger als 0,5 m
   Sch   mächtiger als 0,5 m

Kluft-Schlechten-Störungswinkel
zur Abbaufront

Klüfte und Schlechten vorhanden
Klüfte und Störungen bestimmen und
  beeinflussen den Ausbau
   0–20^{g}
  20–40^{g}
  40–60^{g}
über 60^{g}

Rißarten im Abbau-Hangenden

R_1 =
R_2 ||
R_3 //   zur Stellung des Kohlenstoßes
R_4 \\\\

Flache Bauhöhe

unter 50 m
  50– 80 m
  80–120 m
über 120 m

Betriebsvorgang an der Auslaufstelle

Gewinnungs-Schicht
Versatz   -Schicht
Transport -Schicht
Umlege   -Schicht
Stoßtränk -Schicht
Betriebsruhe/Schichtwechsel
Sicherungsarbeiten

Beschaffenheit des Flözes

Festigkeit der Kohle: fest
                mittel
                weich

Unterschiedliche Härte von Oberbank und
   Unterbank
mehr als 10% Bergemittel im Flözprofil
Bergelinsen oder Einlagerungen im Flöz
weicher, auslaufneigender Kohlehorizont
   im Flöz
weicher, auslaufneigender Bergehorizont
   im Flöz
Mächtigkeitsänderung des Flözes
Wülste am Hangenden oder Liegenden

Flözmächtigkeit

   0– 80 cm
 80–120 cm
120–160 cm
160–200 cm
über 200 cm

Tektonische Besonderheiten

Ausgasung
Wasserzuflüsse/Tropfwasser
Mulden oder Sattelzone 50 m parallel zum
   Auslaufbereich
Lösen im Hangenden oder Liegenden
Bekannte Auslaufneigung des Flözes

Sonderbehandlung bei
der Kohlengewinnung

Stoßtränkung
gebrächer Hangend/Liegend-Packen,
   angebaut
gebrächer Hangend/Liegend-Packen,
   hereingewonnen
stets auftretender Nachfallpacken, am
   Hangenden/Liegenden hereingewonnen

Lage des Auslaufbereichs zu Abbauen,
Abbaukanten, Restpfeilern
und Störungen

Einflüsse von Abbaukanten
Einflüsse von Restpfeilern
Einflüsse von Kohleninseln/Kohlenbeinen
bankrechte Überbauung ⎱ des ausgelaufe-
bankrechte Unterbauung ⎰ nen Flözes
Flözstrecken dem Abbau vorgesetzt
Flözstrecken dem Abbau folgend
Vorhandene Flözstrecken in angrenzenden
   Abbauen < 50 m parallel zum Auslauf-
   bereich verlaufend
Vorhandene Flözstrecken in angrenzendem
   Abbau < 50 m parallel und beidseitig
   zum Abbaustreb verlaufend

obere Bauhöhe in $<$ 50 m Abstand
vom Auslaufbereich abgebaut
obere Bauhöhe in $<$ 50 m Abstand
vom Auslaufbereich anstehend
untere Bauhöhe in $<$ 50 m Abstand
vom Auslaufbereich abgebaut
untere Bauhöhe in $<$ 50 m Abstand
vom Auslaufbereich anstehend
$<$ 50 m Durchörterung dem Abbau
voraus/hinterher
$<$ 50 m Alter Mann dem Abbau voraus
Querschlagsüber-/Unterfahrung
Störungen in $<$ 50 m Entfernung bekannt
in unmittelbarer Nähe oder an Störung
Störungsverlauf querschlägig
Störungsverlauf streichend
Störungsverlauf mit Verwurf ins Hangende
Störungsverlauf mit Verwurf ins Liegende

Form des Auslaufraumes

Schlauchförmig
Glockenförmig
Ausbruch der Knappecke (n)
Auslaufen zwischen Störungen

Gebirgsverhalten

Strebbruch/Streckenbruch/Aufhauenbruch
Einfaltung des Hangenden oder der Sohle
Quellneigung des Liegenden
bei Feuchtigkeitsaufnahme
Hangendausbrüche an Klüften/Rissen
Abrutschen des Hangenden oder Liegenden
Periodendruck/Setzdruck
Gebirgsschlag
Kohlenknälle

Beschreibung des Betriebspunktes, Aufhauenbetriebe

Abbauverfahren

Schrägbau mit Einbrüchen
Schrägbau mit sägeblattartigem Verhieb
Schrägbau mit knappweisem Verhieb
Schrägbau mit firstenbauartigem Verhieb
Höhe der Firsten 2,5–4,0 m
4,0–6,0 m
über 6,0 m

Abbauzuschnitt

Verhiebsrichtung fallend
Verhiebsrichtung streichend
Abbau auf den Schlechten
Abbau unter den Schlechten

Art der Gewinnung

Nur Abbauhammer
Naßabbauhammer
Hobel
Schrämmaschine
Planmäßige Schießarbeit

Versatzverfahren

Sturz-/Fließversatz
Natürliche Bergeböschung
Kleiner als natürliche Bergeböschung

Auffahrgeschwindigkeit von
Abbaustrecken und Aufhauen,
Abbaugeschwindigkeit im Schrägbau

40   cm/Tag
40– 60 cm/Tag
60– 80 cm/Tag
80–125 cm/Tag
über 150 cm/Tag
über   1 Tag gestundet

Merkmale des Ausbaus

Ausbaueinheiten und Ausbauteile

Holzstempel
Reibungsstempel
Hydraulische Stempel
Mechanisch rückbare Ausbaurahmen
Kopfholzausbau
Auf Klemme gebaut
Schalholzverbindung
    mit Schrägüberlappung
Schalholzverbindung mit stumpfen Stößen
Doppelstempelbaue
Portalausbau
Gelenkkappen
Wander-/Bergekästen im Streb
Verstärkungsbaue
    (Strebestempel/Schubstempel)
Zwischenstrangstempel
K – Bau Holz
K – Bau Aluminium
Hangendverzug
Liegendverzug
Firstenverzug ganz dicht
Firstenverzug nicht dicht

Ausbauanordnung im Schrägbau

Quer oder schräg zum Stoß
Ausbaureihe längs zum Stoß
Stempelreihe abgesetzt
Stempel am Kohlenstoß
Vorgepfändete Kappe, Getriebezimmerung

Verhalten des Ausbaus

Knicken der Holzstempel/Verformung des
  Profilstahlausbaus
Bruch der Holzstempel/Bruch
  des Profilstahlausbaus
Schäden an Verbindungselementen
Bruch der Ortssicherung im Aufhauen
Umschieben der Ausbaueinheiten
Schlagartiges Wegschleudern des Ausbaus
Abrutschen des Ausbaus auf dem
  Liegenden oder Hangenden

Merkmale des Abbaustreckenausbaus

Werkstoffe

Holz
Unvergüteter Stahl
Vergüteter Stahl
Leichtmetall

Ausbauprofile

Altschienen
I   -Profile
Kasten-Profile
Rohr   -Profile
Rinnen-Profile und sonstige

Ausbauformen

Rund/elliptisch
Eckig
Starr
Starr und mehrwandig

Ausbaueinheiten

Gelenkig
Als Einheit nachgiebig
In Anordnung nachgiebig
Kein Ausbau
Einzelstempel
Türstock
Polygonausbau
Offener Bogen

Geschlossener Bogen
Streckenverstärkung durch Sprengwerke
Verzug
Verbolzung
Holz-/Bergekästen einseitig
Holz-/Bergekästen beidseitig
Bergedamm einseitig
Bergedamm beidseitig
Strecken-Ankerausbau

Wie aus der Aufstellung hervorgeht, beziehen sich die berücksichtigten Merkmale auf die allgemeine Lage der Auslaufstellen im Grubengebäude, auf die Nebengesteinsverhältnisse in der näheren und weiteren Umgebung der Auslaufstelle, auf die Flözbeschaffenheit, tektonische Gegebenheiten, örtliche Besonderheiten in der Nebengesteins- und Flözausbildung, auf Beschreibungen der Betriebsverhältnisse, auf das Gebirgsverhalten und den Abbauzuschnitt im untersuchten, im überlagernden und im unterlagernden Flöz sowie auf eine Anzahl von Ausbaufragen.

Von den 217 Merkmalen sind nur 8 Hauptmerkmale mit insgesamt 47 Untermerkmalen quantitative Angaben. Die 30 den Abbaustreckenausbau kennzeichnenden Merkmale haben mit hoher Wahrscheinlichkeit keinen maßgeblichen Einfluß auf die Ursachen des Auslaufens, weil sich nach allgemeiner Anschauung der Ausbauwiderstand von Strecken nur bis höchstens 5 m um den Streckenmantel im umgebenden Gebirge auswirkt. Rechnet man deswegen diese 30 von den 217 Merkmalen ab, so beträgt der Anteil aller quantitativen Merkmale 25%, der der qualitativen 75%. Diese Feststellung wird bei der mathematischen Auswertung des Untersuchungsmaterials noch eine wesentliche Rolle spielen.

4.1.0. Der regionale Untersuchungsbereich

Der Kreis der für die Untersuchung in Frage kommenden Schachtanlagen wurde im wesentlichen nach statistischen Unterlagen des Unternehmensverbandes Ruhrbergbau festgelegt. Er umfaßt die Zechen des Ruhrgebietes, die 1960 aus der steilen Lagerung über 60^g Einfallen förderten. Die Anlagen sind in der Reihenfolge ihrer damals geförderten Mengen in Tab. 3 auf den S. 35 und 36 aufgeführt. Die Fördermengen sind gleichzeitig prozentual nach Kohlenarten ausgewiesen.

Nach Tab. 3 wurden 9,12 Mio. Tonnen, d. h. 7,93% der gesamten Ruhrkohlenförderung von 1960 (115,4 Mio. Jato), in der steilen Lagerung gewonnen. Einschließlich der Zechen, die zwar z. Z. nicht, jedoch früher aus der steilen Lagerung förderten, umfaßte der Untersuchungsbereich alle in Abb. 14, S. 93/94, namentlich aufgeführten Zechen, unabhängig davon, ob in den Grubenfeldern Fälle von ausgelaufener Kohle festgestellt wurden oder nicht.

Tab. 3

Lfd. Nr.	Schachtanlage	Jahresförderung von 1960 aus steiler Lagerung über 60ᵍ (t v. F.)	Prozentualer Anteil von Spalte 3 aus der Gesamtförderung (%)	Förderanteile der Kohlenarten bezogen auf die Gesamtförderung 1960						
				Flammkohle (%)	Gasflammkohle (%)	Gaskohle (%)	Fettkohle (%)	Eßkohle (%)	Magerkohle (%)	Anthrazit (%)
(1)	(2)	(3)	(4)	(5)	(6)	(7)	(8)	(9)	(10)	(11)
1.	Gneisenau	716 000	36,83				100			
2.	Königsborn 2/5	707 000	100,00				100			
3.	Kaiserstuhl	488 500	56,71				100			
4.	Erin	415 000	35,17				100			
5.	Oespel	313 000	78,53				72,5	27,5		
6.	Sälzer/Wolfsbank	304 000	31,21				100			
7.	Friedlicher Nachbar	300 000	72,38					100		
8.	Ickern 1/2	283 500	33,15				100			
9.	Mansfeld	282 000	59,20				83,5	16,5		
10.	Emil-Emscher	279 500	23,20				100			
11.	Alter Hellweg	277 000	78,03					100		
12.	Dorstfeld	268 000	42,44				100			
13.	Katharina	239 000	35,37						100	
14.	Hansa	234 000	15,00				100			
15.	Hannover/Hannibal	233 000	14,21				100			
16.	Bonifacius	228 500	22,69				81,7		18,3	
17.	Waltrop	199 000	29,29				100			
18.	Shamrock 1/2	187 000	32,55				95,5	4,5		
19.	Klosterbusch	184 000	60,79				100			
20.	Poertingsiepen	183 000	37,03							100
21.	Robert Müser	181 000	12,40				100			

35

36

Tab. 3 (Fortsetzung)

(1)	(2)	(3)	(4)	(5)	(6)	(7)	(8)	(9)	(10)	(11)
22.	Carl Funke	179 000	31,58						0,1	99,9
23.	Theodor	169 000	33,69						41,4	58,6
24.	König Ludwig	167 000	10,97				100			
25.	Consolidation	151 000	17,24			0,2	99,8			
26.	Grillo	150 000	18,18				100			
27.	Friedrich der Große	143 000	10,57				100			
28.	Alte Haase	138 000	57,81						100	
29.	Ewald Fortsetzung	135 000	10,20				100			
30.	Fritz Heinrich	117 000	8,97			100				
31.	Constantin 6/7	136 000	10,20			29,7	70,3			
32.	Auguste-Victoria	109 000	14,39				100			
33.	Carolinenglück	107 000	25,78					83	17	
34.	Dahlhauser Tiefbau	104 000	35,51						100	
35.	Scholven	97 000	10,23		72,2	21,9	5,9			
36.	Zollverein	89 500	4,19			7,9	92,1			
37.	Adolf v. Hansemann	88 000	9,12				100			
38.	Julia/Recklinghausen	86 000	5,70			18	82			
39.	Victoria Lünen	79 000	8,15	100						
40.	Shamrock 3/4	69 000	9,26				100			
41.	Lothringen 1/3/4	65 000	7,27				100			
42.	Centrum	63 000	9,16			100				
43.	Möller	56 000	11,44				100			
44.	Dahlbusch	45 000	4,91				100			
45.	Bruchstraße	37 000	6,53				100			
46.	Pluto	37 000	4,37				100			
47.	Hugo	34 000	2,22				100			
48.	Gottessegen	27 000	12,79					100		
49.	Engelsburg	23 000	5,50					66,6	33,4	
50.	Heinrich	9 300	2,63							100
51.	Herbede	3 300	1,29							100

4.2.0. Einflußgröße »Flöze«

Nach den vorliegenden Untersuchungsergebnissen wurde zum Auslaufen neigende Kohle nicht in allen flözführenden und gebauten Horizonten beobachtet. In den stratigraphisch obersten und erdgeschichtlich jüngsten Schichten, den

Flammkohlen,
Gasflammkohlen,
Gaskohlen

ist *kein* Auslaufen bekannt geworden. Mit kleinen Einschränkungen kann dies auch von den Anthrazit-Kohlenschichten gesagt werden. Das Auslaufgeschehen konzentriert sich daher offenbar auf die Bochumer und die Wittener Schichten. Aus der nachfolgenden Tab. 4, S. 38, ist zu ersehen, in welchen Flözen sich die erfaßten Auslaufereignisse zugetragen haben. Die Zahlen in Spalte 3 der Tabelle bezeichnen die Anzahl der überhaupt bekanntgewordenen Auslauffälle, die Zahlen in Spalte 4 geben die Anzahl der Fälle an, von denen in der weiteren Untersuchung ausgegangen worden ist. Die Gegenüberstellung soll u. a. zeigen, wie verhältnismäßig oft (z. B. in Flöz Dickebank) »Auslauffälle« ausgewiesen wurden, die aber auf Grund der durchgeführten Nachuntersuchung nicht mehr als solche angesehen werden konnten.

Nach Tab. 4 stellt das Flöz Albert in der Mitte der mittleren Bochumer Schichten die obere Grenze der Flözabfolge mit beobachteten Auslauferscheinungen dar, das Flöz Sarnsbank, als stratigraphisches Grenzflöz der Sprockhöveler-Schichten zu den Wittener-Schichten, die untere Grenze. Die Festlegung dieser letzteren Grenze ist jedoch nicht gesichert, weil nicht festgestellt werden konnte, ob und in welchem Umfang jenseits dieser Grenze im Erfassungszeitraum Abbau umging und daher Auslaufereignisse überhaupt auftreten konnten.

Hierdurch wird zugleich die Frage nach dem Aussagewert der angegebenen Zahlen aufgeworfen. Eine echte Häufigkeitsverteilung für das Auslaufen im gekennzeichneten Flözumfang könnte nur dann vorliegen, wenn die Häufigkeiten auf einen gemeinsamen Parameter bezogen wären, z. B. auf die Förderung aus den einzelnen Flözen im Laufe des Erfassungsraumes, auf die Härte der Flözkohle, ihre Festigkeit, den Gehalt an flüchtigen Bestandteilen in der Kohle oder auf andere physikalische Kenngrößen.

Der Bezug auf die Förderhöhe aus den Flözen wurde deswegen nicht gewählt, weil Angaben wie z. B. »ein Auslauffall pro 50 000 Tonnen geförderte Kohle aus Flöz Angelika« keinen echten Vergleich zu Flözen mit wesentlich höherer oder niederer Förderhöhe zulassen. Wie später noch ausgeführt wird, ist außerdem die Anzahl der einen Auslauffall mitbestimmenden Einflußgrößen so hoch, daß sich die Gesamtwirkung all dieser Einflüsse – mit einem Ausdruck der Statistik – nicht signifikant im Einfluß »Förderhöhe« (aus einem bestimmten Flöz) ausdrücken kann. Da ferner für 50% der Flöze, in denen Auslaufen von Kohle auftrat, nur *ein* Auslauffall zur Untersuchung vorliegt, ist es sehr zweifelhaft, ob dieser eine Fall als typisch für die in diesem Flöz bestehende – oder vielleicht auch nicht bestehende – Auslaufgefährlichkeit anzusehen ist. Wie ebenfalls noch an späterer

Tab. 4

Flözgruppe		Flöz	Bekanntgewordene Auslauffälle	Ausgewertete Auslauffälle
(1)		(2)	(3)	(4)
Bochumer-(Fettkohlen)-Schichten	obere	Katharina	–	–
		Hermann	–	–
		Gustav	–	–
		Gretchen	–	–
		Anna	–	–
		Mathias	–	–
	mittlere	Mathilde	–	–
		Hugo	–	–
		Robert	–	–
		Albert	1	1
		Wellington	–	–
		Karl	5	3
		Blücher	1	1
		Ida	1	1
		Ernestine	2	1
		Röttgersbank	7	3
		Wilhelm	1	1
		Johann	1	1
	untere	Präsident	8	3
		Helene	–	–
		Luise	3	1
		Karoline	–	–
		Angelika	1	1
		Dickebank	9	3
		Dünnebank	1	–
		Wasserfall	6	5
		Sonnenschein	18	17
		Schöttelchen	1	1
Wittener-(Magerkohlen)-Schichten	obere	Plaßhofsbank	–	–
		Girondelle 1–9	3	3
		Finefrau Nebenbank	1	1
		Finefrau	9	5
	untere	Mentor	–	–
		Geitling	8	6
		Kreftenscheer	5	3
		Mausegatt	16	13
Sprockhöveler-(Anthrazit)-Schichten	obere	Sarnsbank	2	2
		Sarnsbänksgen	–	–
		Schieferbank	–	–
		Hauptflöz	–	–
		Wasserbank	–	–
		Dreckbank	–	–
		Neuflöz	–	–
	untere	Hinnebecke	–	–
		Besserdich	–	–
		Sengsbank	–	–
Summe			110	76

Stelle dargelegt wird, sind die einen Auslauffall auslösenden Ursachen zugleich
von nicht abschätzbaren, jedoch bedeutungsvollen *Zufälligkeitseinflüssen* bestimmt.
Aus diesen Gründen konnten die obere und untere Grenze der Flözabfolge mit
festgestellter Auslaufgefährlichkeit nur näherungsweise festgelegt werden.

4.2.1. Kohlepetrographische Gesichtspunkte

Das vorstehende Untersuchungsergebnis soll nunmehr von petrographisch-
physikalischem Standpunkt aus betrachtet werden.
KUKUK [1] stellte bereits 1938 die verschiedenen Härten von mattkohlenreichen
Flamm-, Gasflamm- und Gaskohlen gegenüber glanzkohlenreichen Fett- und
Eßkohlen fest. Er führte sie auf die unterschiedlichen Festigkeitswerte einzelner
Streifenarten der Kohle zurück und gab sie wie folgt an:

Flammkohlenvitrit	270 kg/cm²
Fettkohlenvitrit	26 kg/cm²
Flammkohlendurit	900 kg/cm²
Fettkohlendurit	250 kg/cm²

Mit höherem Inkohlungsgrad der Kohlen steigen diese Werte über die Eßkohlen
zu den reiferen Magerkohlen wieder an, um schließlich in den Anthraziten die
höchsten Werte zu erreichen.
1955 veröffentlichte HEINZE [2] »Härte- und Festigkeitsuntersuchungen an
Kohlen, insbesondere Ruhrkohlen«. Diese Arbeit gilt noch heute als letzter Stand
der Erkenntnis in der Kohlepetrographie. HEINZES Ausführungen gelten als un-
widersprochen. Zusammengefaßt wird u. a. ausgeführt:
Bei einem Vergleich der an Piesberg-Anthrazit, Gouley-Anthrazit, Magerkohlen,
Eßkohlen, Fettkohlen, mittleren Fettkohlen, Gaskohlen und Gasflammkohlen
gemessenen Mikro-Vickershärte des reinen Vitrites mit dem Gehalt an flüchtigen
Bestandteilen zeigt sich ein steiler Abfall der Mikro-Vickershärte bis zum Minimum bei 14% fl. Best. (vgl. Abb. 1, S. 40). Die Härte nimmt alsdann mit zu-
nehmendem Gehalt an flüchtigen Bestandteilen erst geringfügig und von 24%
fl. Best. an (mittl. Fettkohle) sehr viel stärker zu.
Die Härteabnahme im Bereich Anthrazit-Eßkohle wird auf das sogenannte
elastische Härteverhalten des Athrazits zurückgeführt. Der übrige Härteverlauf
der Vitrite kann nach HEINZE weitgehend durch das Strukturbild – wie es VAN
KREVELEN [3] für Steinkohle entwarf – erklärt werden. Hierfür ist der Prozentsatz
aromatisch gebundenen Kohlenstoffs und die Größe der aromatischen Ringsysteme
verantwortlich. Im Bereich von 40 bis 24% fl. Best. nimmt die Zahl der nicht-
aromatischen Brücken, die den Zusammenhalt der kleinen aromatischen Ring-
gruppen bedingen, ständig ab. Mit diesem Abnehmen verringert sich auch die
Mikro-Vickershärte. Bei 24% flüchtigen Bestandteilen sind die Brücken mehr oder
weniger abgebaut, und der Einfluß von interlamellaren Kräften der Aromat-
lamellen beginnt, so daß ab 15% fl. Best. eine zunehmende Härte der Kohle
hervorgerufen wird.

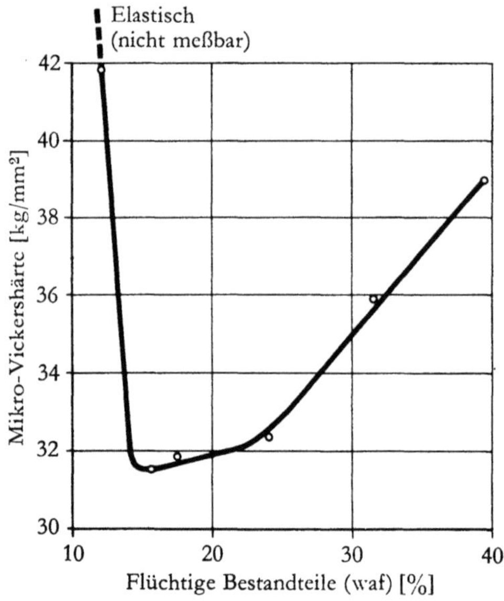

Abb. 1   Mikro-Vickershärte in Abhängigkeit vom Inkohlungsgrad (nach Heinze)

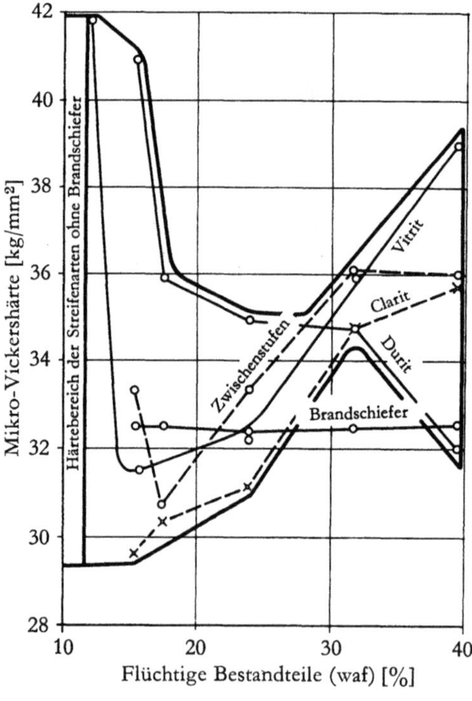

Abb. 2   Mikro-Vickershärte der Streifenarten in Abhängigkeit vom Inkohlungsgrad
(nach Heinze)

Bei den Bestimmungen der Mikro-Vickershärten für die Streifenarten Clarit, für
Zwischenstufen und Durit und ihre Abhängigkeit vom Inkohlungsgrad wurde
von HEINZE folgendes festgestellt: Die Härte von Clarit nimmt wie die von Vitrit
mit steigendem Inkohlungsgrad ab. Die Härte der innig gemischten Streifenarten
(Zwischenstufen) dagegen hat im Flöz Sonnenschein seinen niedrigsten Wert.
Der Durit schließlich wird mit fortschreitendem Inkohlungsgrad härter. Die Zunahme verläuft aber nicht proportional, sondern nach einer immer steiler werden-
den Kurve. Die Abb. 2, S. 40, gibt dieses Untersuchungsergebnis von HEINZE
wieder.

In einem weiteren Abschnitt seiner Arbeit untersuchte HEINZE die Strukturfestigkeit der Kohle, die er als Gesamtheit der physikalischen Eigenschaften Härte,
Sprödigkeit, Spaltbarkeit und Zähigkeit definierte.

Danach fällt die über das Drehmoment D_m beim Mahlen von Kohle gemessene
und in Arbeit [mkp] ausgedrückte Strukturfestigkeit der Flözkohle von den Gasflammkohlen bis in den Bereich der mittleren Fettkohle (Flöz Ernestine) stark
ab, um zu den höher inkohlten Schichten wieder leicht anzusteigen (vgl. Abb. 3).

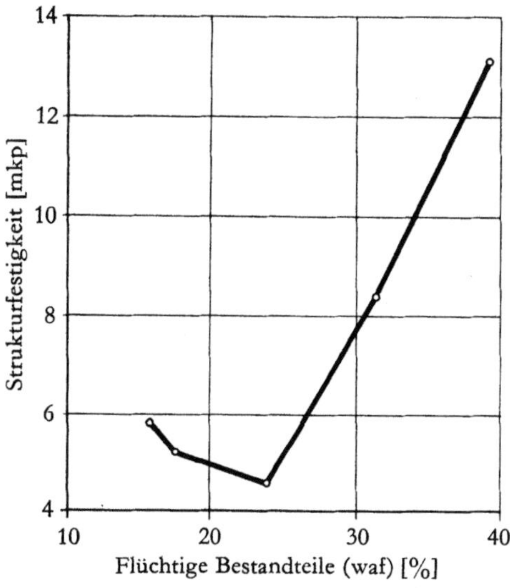

Abb. 3   Abhängigkeit der Strukturfestigkeit vom Inkohlungsgrad (nach HEINZE)

Flöz	gemessene Strukturfestigkeit in mkp [nach HEINZE]
Donar 3	13,1
I 1	8,4
Ernestine	4,6
Sonnenschein	5,2
Girondelle	5,8

Für Magerkohlen und Anthrazite konnten entsprechende Zahlen nicht ermittelt werden, weil deren getrennt zu vermahlende reine Streifenarten in der erforderlichen Korngröße von 3 bis 1 mm – wegen der Feinstreifigkeit dieser Kohlen – nicht mehr gewinnbar waren.

In einer anderen Teiluntersuchung ermittelte HEINZE die von ihm so benannte Dauerwechselhärte verschieden inkohlter Kohlen mit dem von *Späth* entwickelten Vibrotester. Er ging dabei von dem Gedanken aus, daß dieses dynamische Prüfverfahren das tatsächliche Verhalten der am Kohlenstoß unter wechselndem Abbaudruck anstehenden Kohlen am naturgetreuesten zu untersuchen erlaubt.

Im Ergebnis der Untersuchung sind die Gasflammkohlen am härtesten und Eßkohlen bzw. Anthrazit am weichsten. Die von HEINZE gemessenen Werte in Abhängigkeit vom Inkohlungsgrad sind in Abb. 4 wiedergegeben.

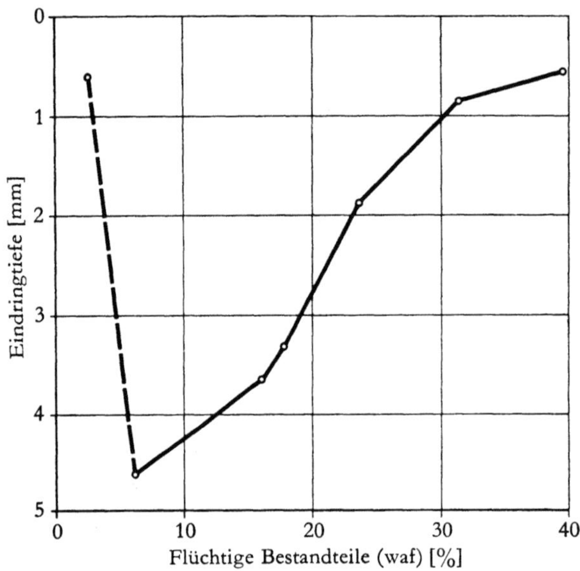

Abb. 4   Abhängigkeit der Dauerwechselhärte vom Inkohlungsgrad (nach HEINZE)

Die vorstehenden Untersuchungen von HEINZE bestätigen im großen und ganzen die Hypothese des Verfassers. Wenn das Minimum der Strukturfestigkeit der Kohle zugleich als das Maximum der Auslaufgefährlichkeit der Flözkohle anzusehen ist, kann eine solche Gefahr in den oberhalb der mittleren Bochumer Schichten liegenden Flözen nicht erwartet werden. Dies gilt jedoch nur unter der Voraussetzung, daß die stratigraphische und inkohlungsmäßige Zugehörigkeit der Flöze gleich ist. Diese Voraussetzung ist aber nicht immer erfüllt. Der Inkohlungsgrad innerhalb einzelner Flöze kann außerordentlich unterschiedlich sein, wie z. B. in Flöz Katharina oder Flöz Sonnenschein. Während insbesondere diese Flöze auf einer Schachtanlage noch eindeutigen Fettkohlencharakter haben, treten sie in einem benachbarten Feld unter Umständen mit Eßkohlen- bzw. mit Gaskohlencharakter auf. Leider erlauben es die verfügbaren Unterlagen nicht, eine

Häufigkeitsverteilung der Auslauffälle – mit dem Inkohlungsgrad als Bezugsgröße – aufzustellen.

4.2.2. Untersuchungsergebnisse

In der nachstehenden Tab. 5 sind die im Erfassungszeitraum vom Verfasser untersuchten Auslauffälle nach ihrer prozentualen Häufigkeit in sieben Untergruppen der stratigraphischen Gliederung aufgeführt (Spalte 2). Ihnen gegenüber stehen in der Spalte 3 diejenigen Auslauffälle, die in einer Nachweisung des Oberbergamtes in Dortmund aus dem Zeitraum 1957/58 enthalten waren und in Verbindung mit Strebbrüchen oder nur als solche gemeldet wurden. Obwohl der Erfassungszeitraum nur $^1/_8$ desjenigen des Verfassers betrug, geben die vergleichbaren Werte fast dieselbe Verteilung wieder. Die Abweichungen der Werte betragen höchstens 7,2%.

Tab. 5

Stratigraphischer Horizont	Häufigkeit von Auslauffällen in %	
	Erfassungszeitraum 1945–1960	Oberbergamtsnachweisung 1957–1958
(1)	(2)	(3)
Obere Bochumer Schichten	0	0
Mittlere Bochumer Schichten	15,79	19,0
Untere Bochumer Schichten	40,78	45,1
Obere Wittener Schichten	11,97	4,8
Untere Wittener Schichten	28,82	26,3
Obere Sprockhöveler Schichten	2,63	4,8
Untere Sprockhöveler Schichten	0	0
	100,0	100,0

Durch den Vergleich dieser beiden unabhängigen Statistiken konnten drei Tatsachen bestätigt werden:

1. Innerhalb der letzten 15 Jahre hat sich die Häufigkeitsverteilung der Auslauffälle innerhalb der stratigraphischen Bochumer und Wittener Schichten nicht wesentlich verschoben.

2. Die stratigraphische Grenze zu den oberen Fettkohlenschichten bildet zugleich die obere Grenze des Flözumfangs mit Neigung der Flöze zum Auslaufen.

3. Zwischen den Maxima der Auslaufhäufigkeiten innerhalb der unteren Bochumer und der unteren Wittener Schichten befindet sich eine Flözgruppe (obere Wittener Schichten) mit offensichtlich geringerer Neigung zum Auslaufen.

An Hand der Richtschichtenschnitte von KUKUK, die im wesentlichen mit denen
von HAHNE [4] übereinstimmen, wurden folgende Feststellungen getroffen:
Innerhalb der Bochumer und der Wittener Schichten besteht zwischen allen Flözen,
in denen mehr als ein Auslauffall beobachtet wurde, und dem nächst hangenden
Flöz ein Flözabstand von 25–30 m. Innerhalb der Bochumer Schichten sind alle
anderen Flözabstände zwischen bauwürdigen Flözen kleiner als 25 m, lediglich
Flöz Sonnenschein nimmt dadurch eine Sonderstellung ein, daß sein Abstand zu
Flöz Wasserfall nur 14 m beträgt und zu Flöz Schöttelchen 65 m.
In den Wittener Schichten ist der Flözabstand geringfügig größer. Er beträgt
28–35 m. In den tieferen Sprockhöveler Schichten dagegen hört das Auslaufen
auf und die Abstände wachsen auf 50 m und mehr.

4.3.0. Einflußgröße »Flözeinfallen«

Auslaufvorgänge werden auch maßgeblich durch das Flözeinfallen beeinflußt.
Die parallel zur Einfallsrichtung wirkende Schwerkraftkomponente der anstehenden Kohle ist proportional dem Sinus des Flözeinfallens und wächst daher
von 0,7 bis 1, wenn der Sinus von 50 auf 100^g zunimmt.
Mit größer werdendem Schichtfallen wird darum das Auswanderungsbestreben
der Kohle aus dem Kohlenstoß durch die Schwerkraft ebenfalls größer. Je
geringer die Strukturfestigkeit der Kohle ist, und je geringer die im Hangenden
und Liegenden wirksamen und das Flöz (senkrecht zur Schichtung) einspannenden
Kräfte sind, um so stärker unterliegt der Abbaustoß der reinen Schwerkraftwirkung, die als ein Maß für den Gefährlichkeitsgrad gelten kann. Der Gefährlichkeitsgrad wird wie folgt festgelegt:

Schichteinfallen 50^g = Gefährlichkeitsgrad 0
Schichteinfallen 100^g = Gefährlichkeitsgrad 10

Wie aus der Tab. 6 (S. 45) zu ersehen ist, beträgt die Zunahme des Gefährlich-
keitsgrades zwischen 50–75^g Einfallen 75%. Zwischen 75 und 100^g erhöht sich
der Gefährlichkeitsgrad nur um 25%. Anders ausgedrückt ist die Zunahme der
von 5 zu 5^g errechneten Gefährlichkeit bis 75^g Einfallen größer als in dem Bereich
von 75 bis 100^g.
In der Tab. 7 (S. 45) sind die Flözeinfallen, bei denen Auslaufen von Kohle festgestellt wurde, wiedergegeben.

Die Darstellung dieser Häufigkeiten ist in Abb. 5, S. 46, nach dem Verfahren
von DAEVES-BECKEL [5] auf Wahrscheinlichkeitspapier vorgenommen worden,
und zwar

a) über einer linear geteilten Abszisse,
b) über einer logarithmisch geteilten Abszisse.

Tab. 6

Einfallen (in ^{g})	Gefährlichkeitsgrad	Zunahmen je 5^g in %	
50	0		
bis 55	1,83	18,3	
bis 60	3,48	16,5	
bis 65	5,08	16,0	75%
bis 70	6,39	13,1	
bis 75	7,49	11,0	
bis 80	8,44	9,5	
bis 85	9,15	7,1	
bis 90	9,67	5,2	25%
bis 95	9,86	1,9	
bis 100	10	1,4	

Tab. 7

Einfallensklassen (von 5 zu 5^g)	Anzahl der Auslauffälle (Häufigkeitsfrequenz)
50– 55	4
55– 60	9
60– 65	8
65– 70	9
70– 75	13
75– 80	9
80– 85	7
85– 90	7
90– 95	4
95–100	6
	76

Auf der Ordinate der Darstellung werden die sogenannten Summenprozenthäufigkeiten aufgetragen. Die Ordinatenteilung ist so gewählt, daß beim Auftragen einer beliebigen *reinen Gauß*verteilung eine Gerade entsteht. Die Abszisse stellt die Merkmalsskala dar; im vorliegenden Fall wurden über ihr die Klassenmitten der Einfallsbereiche dargestellt.

Die Kurve I ist über einer linear geteilten Merkmalsskala aufgebaut worden. Aus ihrem nicht-linearen Verlauf muß auf das Vorliegen einer sogenannten Mischverteilung geschlossen werden, die aus mindestens drei *Gauß*schen Einzelverteilungen zusammengesetzt ist. Obwohl die Zerlegung eines Mischkollektivs grundsätzlich möglich ist, wurde hierauf verzichtet, weil die je etwa 25 Werte umfassenden Stichproben für jede der Einzelverteilungen wohl kaum eine charakteristische Aussage geliefert haben würden.

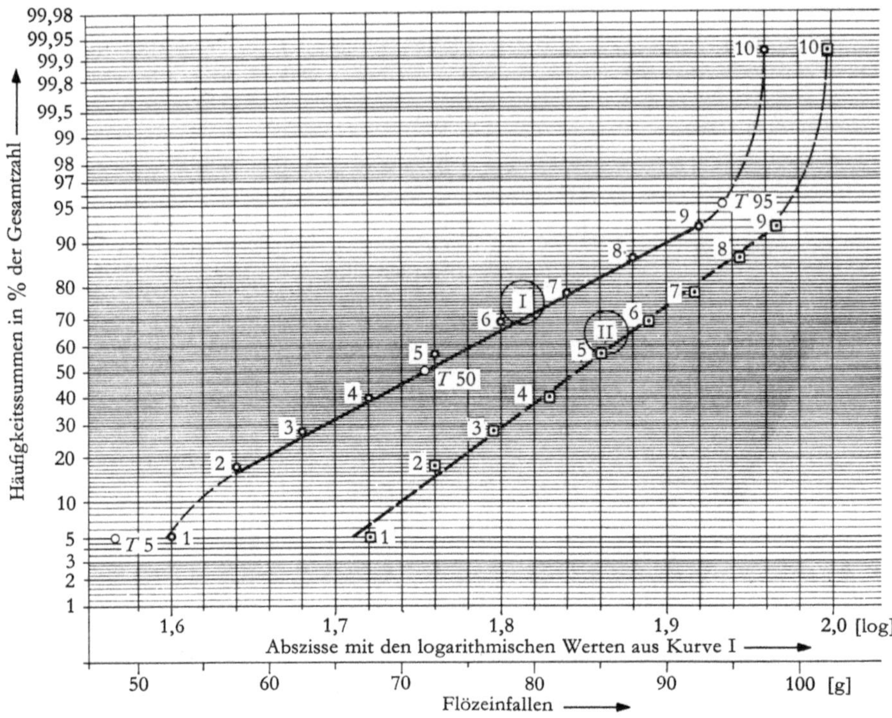

Abb. 5 Summenprozenthäufigkeit der Auslauffälle (———) bezogen auf das Flözeinfallen (in Klassen von 5 zu 5^g von 50–100^g) und Summenprozenthäufigkeit nach Kurve I mit logarithmischen Werten (– – –)

Wertet man die Summenprozenthäufigkeitskurve I sehr grob aus, ergibt sich dennoch ein brauchbares Ergebnis: Zwischen den sogenannten Sicherheitsgrenzwerten T_5 und T_{90} befinden sich 85% aller aufgetragenen Beobachtungswerte. Zwischen dieser oberen und unteren Sicherheitsschwelle ist der Kurvenverlauf nahezu linear, d. h. 85% der Beobachtungswerte sind in erster Näherung nach *Gauß*, also normal verteilt. Der Zentralwert der Verteilung, der Punkt T_{50}, oberhalb und unterhalb dessen sich jeweils 50% aller Beobachtungspunkte befinden, und der darum das Maximum der *Gauß*schen Glockenkurve darstellt, bezeichnet das Maximum der Auslaufhäufigkeit bei 72,5^g Einfallen.

Die Kurve II ist mit den Logarithmen der Abszissenwerte (50–100^g) von Kurve I gebildet worden, wobei der Anfangspunkt der logarithmischen Merkmalsteilung beliebig festgelegt wurde. Der lineare Verlauf der Kurve II bestätigt ebenfalls die nahezu normale Verteilung der Beobachtungswerte zwischen T_5 und T_{90}. Die Feststellung über das Maximum der Auslaufhäufigkeit bei rd. 72^g Einfallen stimmt größenordnungsmäßig mit dem Ergebnis der Erörterungen über den Gefährlichkeitsgrad überein.

46

4.4.0. Einflußgröße »Bauweise«

Ebenso wie in der flachen Lagerung werden heute im Gewinnungsbetrieb der
steilen Lagerung des Ruhrgebietes nur noch langfrontartige Abbauverfahren
angewendet. Die übliche Bauweise – aus dem Strebbau hervorgegangen – ist der
Schrägbau mit der parallel verlaufenden Schrägstellung von Kohlenstoß und
Bergeböschung. Es haben sich 4 verschiedene Verhiebarten mit unterschiedlichen
Anwendungsbereichen herausgebildet, nämlich der

1. Schrägbau mit knappweisem Verhieb,
2. Schrägbau mit sägeblattartigem Verhieb,
3. Schrägbau mit firstenartigem Verhieb und
4. Schrägbau mit Einbrüchen.

Kurzgefaßte Beschreibungen mit Prinzipskizzen der vier Verhiebarten, die der
Bergbaukunde von C. H. FRITZSCHE [6] entnommen sind, befinden sich im Anhang auf S. 124 ff.

4.4.1. Untersuchungsergebnisse

In der Untersuchung über den Einfluß der verschiedenen Verhiebarten beim
Schrägbau auf die Auslaufgefährlichkeit von Flözen wird zunächst ein normaler,
störungsfreier und allen sicherheitlichen Vorschriften entsprechender Betriebs-
ablauf vorausgesetzt. In Tab. 8 sind die Untersuchungsergebnisse über die Anwendungshäufigkeit der vier Verhiebarten im Schrägbau angegeben. In der
Spalte 3 befindet sich der Einfallsbereich, in dem die Verhiebart angewendet
wurde, in Spalte 4 der empfohlene Anwendungsbereich.

Tab. 8

(1) Verhiebart	(2) Auslauf- häufigkeit Fälle in %		(3) Angewendet im Einfallsbereich	(4) Empfohlener Anwendungs- bereich nach FRITZSCHE
firstenartiger Verhieb	28	37.3	50–100$^\mathrm{g}$	50–100$^\mathrm{g}$
sägeblattartiger Verhieb	15	19.6	60– 90$^\mathrm{g}$	50– 70$^\mathrm{g}$
knappweiser Verhieb	6	7.8	55– 79$^\mathrm{g}$	50– 80$^\mathrm{g}$
Schrägbau mit Einbrüchen	27	35.3	52– 77$^\mathrm{g}$	50– 60$^\mathrm{g}$
	76	100.0		

In Streben mit firstenartigem Verhieb sind 28 Auslauffälle eingetreten. In diesem
Wert sind die Fälle mit abgerissenen Firstenecken nicht enthalten. An Hand der
Abb. 6, S. 48, wird dargelegt, warum diese Erscheinung oft zu Unrecht als Auslauffall

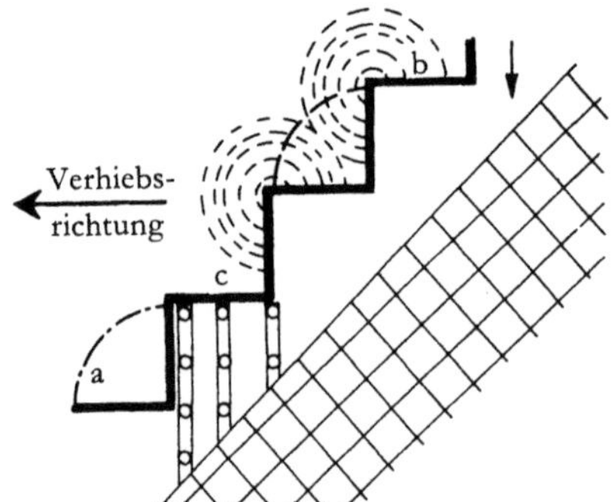

a Gewöhnliche Abrißlinie beim
  Abreißen von Firsten

b Bereiche der Kerbwirkung an
  den kohlestoßseitigen Firstenecken

c Durch Abbaudruck besonders
  stark belastete versatzseitige
  Firstenecke

Abb. 6 Besonders gefährdete und druckbelastete Schwächestellen am Abbaustoß eines
        Schrägbaus mit firstenartigem Verhieb

bezeichnet wird. Es sind drei Firstenecken dargestellt: Sämtliche versatzseitigen
Firstenecken (c) sind durch den punktförmig wirkenden Abbaudruck bereits
weitgehend zertrümmert, während die stoßseitigen Ecken noch von einem druck-
festen Flözverband umschlossen sind. Dort entsteht, wie bei (b) zu sehen, eine
Spannungsanhäufung, die man Kerbwirkung nennt. Die Bereiche der Kerbwirkung berühren oder überschneiden sich, und – bei unzureichendem Ausbauwiderstand – reißt die gesamte Firste längs der Linie (a) ab. Dieser Vorgang wird
in der Praxis mit »Abgehen der Firste« bezeichnet, stellt aber keinesfalls ein echtes
Auslaufen von Kohle dar.

Im Hinblick auf das Auslaufen von Kohle ist diese vielfache Kerbwirkung an
jeder Firste als größter Nachteil anzusehen, weil durch die verhältnismäßig weit
in den Stoß hineinragende Zone allzu hoher Flözbelastung echte Ansatzpunkte
für das Auslaufen von schlauch- und glockenförmigen Räumen geschaffen werden.

Die festgestellte größte relative Auslaufhäufigkeit bei firstenartigem Verhieb
erklärt sich auch aus dessen großem Anwendungsbereich bis zu 100^g Einfallen,
während die übrigen Verhiebarten, mit Ausnahme des knappweisen Verhiebs
(nach Spalte 4 der Tab. 8, S. 47), nur bis höchstens 80^g Einfallen anwendbar sind.

Die geringste Auslaufhäufigkeit tritt mit sechs Fällen beim knappweisen Verhieb
auf. Allerdings wird diese Verhiebart auch am wenigsten angewendet, so daß
schon dadurch die geringe Auslaufhäufigkeit erklärt wird. Tatsächlich ist beim
knappweisen Verhieb die Beunruhigung des Kohlenstoßes durch Kerbwirkung
sehr gering, zumal keine tägliche Einbruchsarbeit geleistet wird und der Stoß
praktisch beliebig steil gestellt werden kann. Wird – im Grenzfall – der Kohlenstoß
genau im Einfallen verhauen, weist die Schwerkraftkomponente im Schichtfallen
nicht mehr in den freien Strebraum hinein, wodurch dem Auslaufbestreben
wesentlich entgegengewirkt wird.

Beim sägeblattartigen Verhieb sind nur 15 Auslauffälle festgestellt worden. Die
Verhiebart kann als Übergangsform zwischen firstenartigem Verhieb mit fallenden
Firsten und Schrägbau mit Einbrüchen angesehen werden. Daher treten auch bei
ihm die schon genannten, das Auslaufen fördernden Momente auf. Bemerkenswert
sind darüber hinaus folgende zwei Feststellungen:

1. Nach langjährigen Erfahrungen eines Bergamtes wurde in den auslaufgefährlichen Flözen seines Bezirks vorwiegend sägeblattartiger Verhieb angewendet,
   um einen möglichst gradlinigen Kohlenstoß ohne die Kerbwirkung vor-
   springender Ecken zu haben. Dennoch ereignete sich auch bei dieser Verhiebart
   die Mehrzahl der eingetretenen tödlichen Auslaufunfälle.
2. Nach der Untersuchung wurde der sägeblattartige Verhieb im Einfallsbereich
   zwischen 60 und 90ᵍ angewendet. Nach Meinung des Verfassers ist dieser
   Verhieb für ein Einfallen von mehr als 70ᵍ aber keinesfalls mehr vertretbar, da
   auf Grund der nur relativ kleinen Belegungsdichte zu geringe tägliche Abbaufortschritte erzielt werden, wodurch wiederum die Auslaufgefährlichkeit gesteigert wird. Diese Begründung wird an späterer Stelle noch weiter ausgeführt.

Im Schrägbau mit Einbrüchen ereigneten sich etwas mehr als $\frac{1}{4}$ der erfaßten
Auslauffälle. Dieser Verhieb wurde bis 77ᵍ angewendet. Daraus ist die Tendenz
ablesbar, diese Verhiebart auch über den empfohlenen Einfallsbereich von 50 bis
60ᵍ zu betreiben, um die Zahl der Großabbaubetriebe in der steilen Lagerung zu
erhöhen.
Der Schrägbau mit Einbrüchen zwingt dem Betrieb im allgemeinen einen sehr
gleichmäßigen und vorteilhaften Arbeitsrhythmus auf. Die Gleichmäßigkeit des
Arbeitsablaufes und des fördertäglich gleichen Abbaufortschrittes spielt sich auto-
matisch ein, wenn der Versatzbetrieb gut organisiert ist und die Kohlengewinnung
»treibt«. Eine gute Qualität des Versatzgutes und sorgfältige, dichte Einbringung
ermöglicht eine Vergrößerung des Abbaufortschrittes, bewirkt eine bessere Pflege
des Flözhangenden und verringert die Strebkonvergenz. Darüber hinaus verhindert ein zügiger Abbaufortschritt den zu guten Gang entspannter Kohle.
Durch den gleichmäßigen Verhieb kommt es im anstehenden Kohlenstoß offensichtlich weniger als bei anderen Verhiebarten mit kleinerem Abbaufortschritt zur
Bildung von ausgeprägten Gebirgsdruckspitzen. Diese Annahme entspricht zwar
der Erfahrung im Betrieb, ist aber meßtechnisch noch nicht bewiesen worden.
Der Schrägbau mit Einbrüchen ist einem wechselnden Flözeinfallen gut anzupassen. Leichter als bei den übrigen Verhiebarten – vom knappweisen Verhieb
abgesehen – kann der Schrägbau mit Einbrüchen auf einen größeren oder kleineren
Schrägwinkel (in der Flözebene gemessener Winkel zwischen Schrägstoß und
Streckenachse) geschwenkt werden. Bei größer werdendem Schrägwinkel wird die
Versatzarbeit durch die steiler werdende Bergeböschung beschleunigt, der Ver-
satzabstand kann verringert und die aus dem Kohlenstoß in den freien Strebraum
wirkende Teilkomponente der Schwerkraft verkleinert werden.
Die Kerbwirkung am Kohlenstoß, die durch das Herstellen der Einbrüche ent-
steht, und die dadurch hervorgerufene örtliche Lockerung der Kohle hält der
Verfasser für weniger gefährlich als das vom Kohlenhauer gern vorgenommene
Lüften des Verzugs unterhalb des Knapps, wodurch die Kohle zum selbständigen
Absetzen gebracht werden soll. Da gewöhnlich erst in der zweiten Gewinnungs-
schicht der untere Teil des Knapps gewonnen wird, dessen Kohle sich seit der
voraufgehenden Herstellung des Einbruchs in der ersten Gewinnungsschicht

entspannen konnte, liegt die Gefährlichkeit einer derartigen Arbeitsweise auf der Hand. Werden hierbei größere Hangendflächen freigelegt, so kann das Auslaufen schnell eingeleitet werden, wenn gleichzeitig noch andere geologische Gegebenheiten das Auslaufen begünstigen.

Keine der verschiedenen Verhiebarten des Schrägbaues ist durch eine einfache Betriebsumstellung in der Lage, sich durch Vergrößerung des Schrägwinkels rasch an einen plötzlichen Wechsel von normaler Kohlenfestigkeit zu auslaufgefährlicher Kohle anzupassen. Um so weniger ist das bei einem Einfallen von mehr als 75^g der Fall, weil hier der schwierigste der Verhiebe, firstenartiger Verhieb, angewendet wird. Bei kleiner werdendem Einfallen ist aber selbst die Umstellung eines Schrägbaus mit Einbrüchen auf einen steileren Schrägwinkel ein langwieriges Verfahren, so daß eine derartige Maßnahme nicht zur sofortigen Verringerung einer eingetretenen Auslaufgefahr beitragen kann.

Rein betrieblich gesehen gibt es für jede Verhiebart einen günstigsten Bereich für den Schrägwinkel. Vom gebirgsmechanischen Standpunkt aus betrachtet, wächst die Auslaufgefahr mit kleiner werdendem Schrägwinkel. Die Auslaufgefahr läßt sich vollkommen sicher beseitigen, wenn man den Schrägwinkel $> 100^g$ wählt, also auf überkipptem Kohlenstoß mit aufgehängtem Versatz arbeitet. In diesem Fall weist die Richtung der Schwerkraftkomponente in den anstehenden Kohlenstoß hinein und ein Auslaufen des Flözes ist unmöglich.

Nach den vorausgegangenen Erörterungen darf der Einfluß der Bauweise auf Auslaufvorgänge in Abbaubetrieben nur im Zusammenhang mit der Wirkung des Flözeinfallens und mit der Richtung der Schwerkraftkomponente betrachtet werden.

Die wichtigsten der mit der Verhiebart in Zusammenhang stehenden und zum Auslaufen führenden Einflüsse seien nochmals zusammengefaßt:

1. Die Verhiebart und das gegebene Flözeinfallen müssen aufeinander abgestimmt werden.

2. Die Verhiebart muß möglichst der Kohlenfestigkeit angepaßt sein. Auslaufgefährliche Kohle sollte so gewonnen werden, daß der Kohlenstoß möglichst geringen Kerbwirkungen ausgesetzt ist. Die Kerbwirkung auf den Kohlenstoß ist bei knappweisem Verhieb am geringsten und erhöht sich über den sägeblattartigen Verhieb und den Schrägbau mit Einbrüchen zum Maximum bei firstenartigem Verhieb. Die Beunruhigung des Kohlenstoßes auf Grund der Kerbwirkung führt zu ungleichmäßig großem Zusatzdruck auf den Abbaustoß und damit letzten Endes zum Auslaufen von Kohle an denjenigen Stellen, an denen vorher ein sehr großer Zusatzdruck gelastet hat.

3. Die Abbaugeschwindigkeit ist eine Funktion der Verhiebart. Sie ist insbesondere bei knappweisem Verhieb minimal und auch bei sägeblattartigem Verhieb klein. Geringe Abbaufortschritte bedingen bei großer Gängigkeit der Kohle eine zunehmende Auflockerung des Kohlenstoßes, die als eine Ursache für das Auslaufen anzusehen ist.

4. Die Größe des Schrägwinkels ist nicht nur nach betrieblichen, sondern auch nach gebirgsmechanischen Gesichtspunkten zu treffen.

50

4.5.0. Einflußgröße »Flözmächtigkeit«

Wie schon im vorherigen Absatz über den Einfluß der Bauweise auf das Auslaufgeschehen festgestellt wurde, leiten die zahlreichen feststellbaren und nicht feststellbaren Einzeleinflüsse nicht jeweils allein, sondern immer durch ihr *Zusammenwirken*, Auslaufvorgänge ein. Bei der Analyse des Einflusses der Flözmächtigkeit
kam diese Erkenntnis wiederum sehr deutlich zum Ausdruck.

4.5.1. Untersuchungsergebnisse

Wie im vorigen Kapitel wurden wiederum 57 Auslauffälle untersucht, wobei
immer von der Durchschnittsmächtigkeit in der näheren und weiteren Umgebung
der Auslaufstelle ausgegangen wurde. Unter den angegebenen »Flözmächtigkeitsveränderungen« sind Flözausbauchungen und -verdrückungen zu verstehen. Der
Einfluß der Flözmächtigkeit auf das Auslaufgeschehen wurde in drei Einfallsgruppen von 50 bis 65^g, 65 bis 80^g und von 80 bis 100^g betrachtet, weil diese
Gruppenteilung der sinnvollen Anwendung der verschiedenen Verhiebarten
entspricht.

Der Einfluß der Flözmächtigkeit auf die Auslauftätigkeit ist nach den Untersuchungsergebnissen erwartungsgemäß nicht eindeutig zu ermitteln. Im gesamten
Einfallsbereich von 50 bis 100^g fand das Auslaufen nur zu 53% bei unveränderter
Flözmächtigkeit statt, wogegen bei 29,5% der Fälle Änderungen der Mächtigkeit
von mehr als $\pm$ 40% auftraten und bei 17,5% der Fälle Änderungen von weniger
als $\pm$ 40%. Die 40%-Grenze wurde deshalb gewählt, weil sie bei den untersuchten Fällen einen charakteristischen Grenzwert darstellt.

In der Tab. 9, S. 52, ist dieses Untersuchungsergebnis, jedoch nach drei Einfallsbe-
reichen aufgeschlüsselt, wiedergegeben.

Wenn aus diesen Feststellungen auch keine Gesetzmäßigkeiten abzulesen sind, so
scheint doch der sehr hohe Anteil von Auslauffällen an Stellen mit festgestellten
Flözmächtigkeitsveränderungen zu folgender Annahme zu berechtigen: Flözmächtigkeitsveränderungen sind möglicherweise mit einer Änderung der Strukturfestigkeit der Kohle verbunden. Die praktischen Erfahrungen deuten jedenfalls
darauf hin. Die Anfälligkeit von Flözbereichen mit veränderter Mächtigkeit gegen
das Auslaufen von Kohle hat noch einen weiteren Grund:

Bei plötzlichem Wechsel der Flözmächtigkeit sind besonders hohe Ansprüche an
die Güte und Standfestigkeit des Ausbaues zu stellen, der diesen Anforderungen
mit der Schnelligkeit der eintretenden Veränderung durchaus nicht immer gerecht
wird. Erschwerend wirkt sich in vielen Fällen die gleichzeitig verminderte Festigkeit von Hangendem und/oder Liegendem in diesen Übergangsbereichen aus.
Dem Kohlenstoß kann daher durch den Ausbau nicht der erforderliche Widerstand entgegengesetzt werden. In wieviel höherem Maße das für sehr mächtige
Flöze – etwa oberhalb von 1,8 m Mächtigkeit – gelten muß, geht daraus hervor,
daß sich 32% der Strebauslauffälle bei Normalmächtigkeiten bis zu 3,2 m ereig-

Tab. 9

Einfalls-bereiche	Angewendete Verhiebarten (Schrägbau) (in %)				Anteil der Auslauffälle nach Einfallsgruppen	Flözmächtigkeit bei den untersuchten Auslauffällen (in %)					unveränderte Flözmächtigkeit
						normal			Änderungs-betrag		
	mit Einbrüchen	mit firstenartigem Verhieb	mit sägeblattartigem Verhieb	mit knappweisem Verhieb	(%)	bis 1,5 m	1,5 bis 2,0 m	über 2,5 m	über ± 40%	unter ± 40%	(%)
1	2	3	4	5	6	7	8	9	10	11	12
50– 65ᵍ	100	–	–	–	45	56	22	22	17	17	66
65– 80ᵍ	25	25	25	25	41	24	62	14	33	24	43
80–100ᵍ	–	100	–	–	14	14	72	14	43	0	57

neten. Bei derart mächtigen Flözen treten erhebliche Knickbeanspruchungen am kohlenstoßseitigen Ausbau auf. Obwohl eine Ausbauverstärkung durch K-Baue aus Holz oder Aluminium vorgenommen werden kann, halten nach allgemeiner Betriebserfahrung häufig der Verzug und die Abspreizung des Kohlenstoßes dem Stoßdruck nicht stand und begünstigen das Auslaufen. In diesem Zusammenhang verdient die Abb. 7, S. 53, Beachtung:

Hier ist die Flözfolge von Flöz Karl bis Sengsbank wiedergegeben, wobei außerdem drei Mächtigkeitsgruppen von 0 bis 120 cm, 121 bis 179 cm, und > 180 cm unterschieden werden. In der Gruppe 0–120 cm ist eine eindeutige Häufung der Auslauffälle innerhalb der unteren Wittener Schichten festzustellen. Da in dieser Mächtigkeitsgruppe eine einfache und sichere Beherrschbarkeit des einzubringenden Ausbaues unterstellt werden kann, dürften Ausbaumängel nicht als die Hauptursache des Auslaufens von Kohle angesehen werden können. Wahrscheinlich ist die ausgeprägte Auslauffreudigkeit dieser Flöze auf eine geringere Strukturfestigkeit der Kohle zurückzuführen.

In der Mächtigkeitsgruppe 121–179 cm verlagert sich bereits das Maximum der Auslaufhäufigkeit auf die Flöze der unteren Bochumer Schichten. Mächtig ausgebildete Flöze der Wittener Schichten sind am Auslaufen nur noch untergeordnet beteiligt.

Ganz ausgeprägt hat sich der Schwerpunkt der Auslaufhäufigkeit in der Mächtigkeitsgruppe über 1,8 m auf die Flöze der mittleren und unteren Bochumer Schichten verlagert.

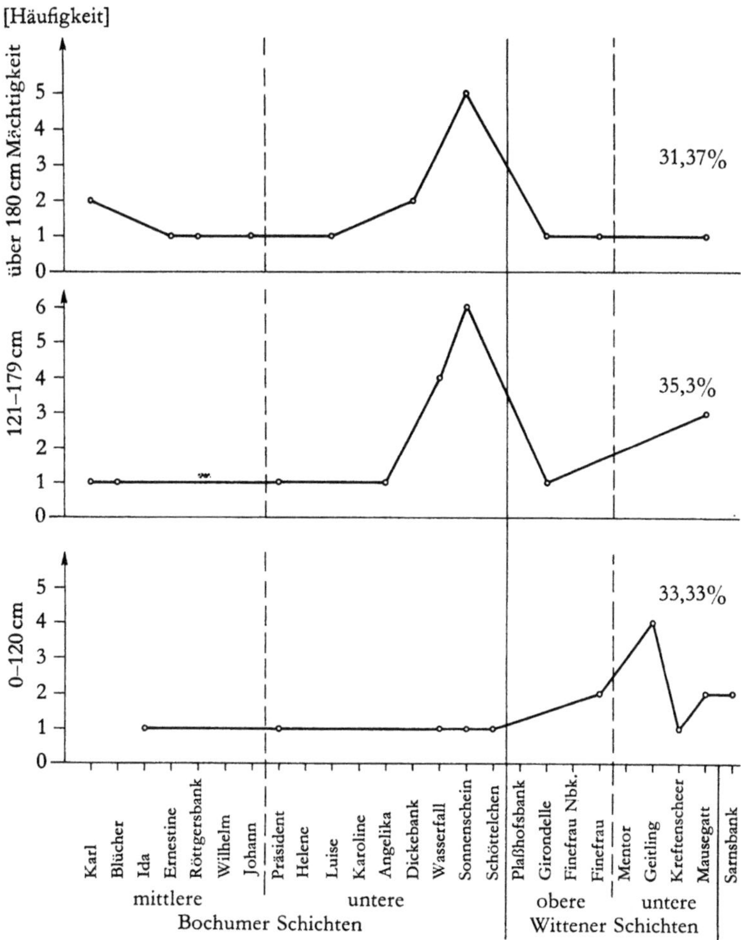

Abb. 7 Zusammenhang der Auslaufhäufigkeit in Streben mit den Einflußgrößen »Flöz« und »Flözmächtigkeit«

Da die Auslaufhäufigkeit in allen drei Mächtigkeitsgruppen mit rd. $\frac{1}{3}$ der Gesamtzahl der Fälle nahezu gleich ist, aber nach den vorausgegangenen Überlegungen in den mächtigeren Flözen mit hoher Wahrscheinlichkeit größer sein müßte, zeigt sich deutlich die Überdeckung aller das Auslaufen von Kohle mitbestimmenden Einflußgrößen. Die Funktion des reinen Einflusses »Flözmächtigkeit« konnte somit aus den vorhandenen Unterlagen nicht ermittelt werden. Aus diesem Grunde ist auch der Versuch, eine quantitative Bewertung der Einflußstärke vornehmen zu wollen, zwecklos.

4.6.1. Einflußgröße »Teufe unter der Tagesoberfläche«

Statistische Untersuchungen darüber, ob die Teufenlage eines Flözes unter der Tagesoberfläche die Auslaufgefährlichkeit beeinflußt, zeigten folgendes Ergebnis:

Die Unglücksfälle durch auslaufende Kohle traten bei den untersuchten Fällen zwischen 240 und 1100 m unter der Tagesoberfläche auf. Innerhalb der am häufigsten betroffenen Flöze betrugen die Teufen des beobachteten Auslaufens und die Spanne zwischen höchster und tiefster Teufenlage:

Flöz	Teufe beobachteten Auslaufens	Δ Teufenbereich
Wasserfall	595– 930 m unter T.O.	335 m
Sonnenschein	360–1100 m unter T.O.	735 m
Finefrau	485– 840 m unter T.O.	355 m
Geitling	350– 940 m unter T.O.	590 m
Kreftenscheer	380– 740 m unter T.O.	360 m
Mausegatt	280– 900 m unter T.O.	710 m

Die großen Streubereiche lassen keinen nennenswerten Einfluß der Teufe unter der Tagesoberfläche erkennen.

4.6.2. Einflußgröße »Deckgebirgsmächtigkeit«

In 50% der untersuchten Fälle lag dem Karbon kein Deckgebirge auf, in weiteren 40% der Fälle 0–200 m und in den restlichen Fällen 200–400 m.
Bei Befragungen auf zahlreichen Schachtanlagen, die keine Deckgebirgsüberlagerung haben, wurde fast übereinstimmend erklärt, zusitzende Tageswässer würden die z. Z. im Abbau stehenden Flöze nicht mehr – oder nur höchst selten – erreichen. Eine Förderung der Auslaufneigung durch Tageswässer braucht daher nicht angenommen zu werden. Wie ferner aus einer nicht veröffentlichten Statistik eines Bergamtes über Unfallgefahren durch auslaufende Kohle entnommen werden kann, haben sich im Zeitraum von 1946 bis 1957 auf den in oberflächennahen Horizonten bauenden Schachtanlagen (Kleinzechen) des südlichen Ruhrsaumes keine tödlichen Unfälle durch Auslaufen von Kohle ereignet. Wenngleich dies auch auf eine Vielfalt von Gründen zurückzuführen sein mag, so darf daraus ebenfalls gefolgert werden, daß zusitzende Oberflächenwasser die Auslaufgefährlichkeit *nicht* unmittelbar erhöhen.

4.7.0. Einflußgröße »Schlechten in der Kohle, Klüfte und Lösen im hangenden und/oder liegenden Nebengestein«

Eine Auswertung des Einflusses vorzunehmen, den Schlechten, Klüfte und Lösen auf Auslaufvorgänge ausüben, ist an Hand der vorliegenden Unterlagen nicht möglich gewesen. In 54% der bearbeiteten Fälle liegen über das Vorhandensein und die Lage von Schlechten, Klüften und Lösen überhaupt keine Angaben vor, so daß aus dem Untersuchungsmaterial keine Schlüsse gezogen werden können. Da lediglich in je zwölf Fällen Angaben wie »Kohlengewinnung auf den Schlech-

ten« bzw. »unter den Schlechten« vorlagen, sind auch hieraus keine Erkenntnisse
zu gewinnen. Nur in 31,5% der Fälle lagen über den kleinsten Winkel, den
Schlechten und Klüfte gegen den Abbaustoß bilden, in den Gruppen 0–20^g,
20–40^g, 40–60^g und über 60^g Angaben vor. Sie sind völlig gleich über die Gruppen
verteilt. Daher kann auch aus ihnen kein Rückschluß auf die ungünstigste und
möglichst zu vermeidende Stoßstellung zu Schlechten, Klüften und Lösen gezogen werden.
Bei 74 Einzeluntersuchungen wurde erwartungsgemäß ein gleichhäufiger Verhieb
nach Osten und Westen bei nördlichem und südlichem Schichtfallen ermittelt.
Deswegen besteht keine Veranlassung zur Annahme bevorzugter, die Auslaufgefährlichkeit fördernder oder mindernder Einfallen- und Abbaurichtungen.
Da nach allgemeiner, geologischer und kohlepetrographischer Erkenntnis in
diesen höher inkohlten Flözen die Rissigkeit der Kohle größer und die Erkennbar-
keit ausgeprägter Schlechten viel geringer als bei jüngeren Kohlen ist, obwohl bei
Gasflammkohlen häufig auch wenig oder keine Schlechten vorhanden sind, erklärt
dieser Umstand die verhältnismäßig wenigen vorgefundenen Angaben über den
Schlechtenverlauf. Daher war auch keine exakte Nachprüfung des Einflusses
»Schlechten« möglich.

4.8.0. Einflußgröße »Versatz- und Versatzabstand«

Obwohl die Güte des Versatzes für die bruchfreie Absenkung und Pflege des
Hangenden sowie für den störungsfreien Ablauf des Gewinnungsbetriebes von
entscheidender Bedeutung ist, gibt es in den Unfallakten nur die allgemeinen
Angaben wie »Sturzversatz« und »Fließversatz«. In der steilen Lagerung darf
jedoch im allgemeinen eine größere Versatzdichte als in der flachen Lagerung
vorausgesetzt werden.
Aus den sehr wenigen bekanntgewordenen Fällen, in denen unzulässig weit
zurückliegender Versatz offensichtlich die Auslösung des Auslaufens bewirkte,
kann jedoch kein gültiger Schluß auf das Bestehen und die Stärke des Einflusses
»Versatz« gezogen werden. Es dürfte daher richtig sein, die bergbehördlich
genehmigten Maximalabstände des Versatzstoßes, die nach langjährigen Abbau-
erfahrungen in bestimmten Flözen als völlig betriebssicher gelten, mit dem Einfluß
Null zu bewerten.

4.9.0. Beeinflussung der Auslaufgefährlichkeit
durch Gebirgsdruckwirkungen als Folge bergmännischer Tätigkeit

Wie bereits einleitend in dieser Arbeit festgestellt wurde, ist das Auslaufen von
Kohle normalerweise kein Vorgang, der dem Auslaufen eines Schüttgutes aus
einem Silo gleichgesetzt werden kann. Nur gelegentlich werden Beschreibungen
von Auslaufvorgängen gegeben, nach denen das Auslaufen als das Leerlaufen eines

begrenzt großen »Kohlennestes« von völlig zermürbter Feinstkohle angesehen werden muß. Wäre dies tatsächlich die *allgemeine* Erscheinungsform des Auslaufens, so müßte auslaufgefährliche Kohle grundsätzlich *sofort* und *restlos* beim Anfahren derartiger »Nester« auslaufen. In Wirklichkeit ist dies in der weitaus größten Anzahl aller Auslauffälle *nicht* der Fall. Vielmehr ist nach den Ergebnissen der vorliegenden Untersuchung die Auslösung des Auslaufens von Kohle an das Vorhandensein von *zwei* Grundvoraussetzungen gebunden:

1. Es müssen tektonisch-petrographische Besonderheiten in der Flözausbildung vorliegen.
2. Das Auslaufen, das als Freisetzen von potentieller Energie innerhalb steilgelagerter Flöze anzusehen ist, kann nur durch Wirkung des Gebirgsdruckes in Gang gebracht werden.

Neben den bisher erörterten Einflußgrößen, die in erster Linie in kausalen Beziehungen zu den unter 1. genannten Voraussetzungen stehen, werden nachfolgend Einflüsse erörtert, die erst durch bergmännische Tätigkeit im Flöz entstehen und den Abbaudruck schaffen.

4.9.1. Der Einfluß von Abbaukanten und Kohleninseln

Im folgenden soll für den Begriff »Kohleninsel« die Definition nach FRITZSCHE gelten: »Restpfeiler oder Kohleninseln sind nicht abgebaute Flözstücke begrenzten Umfangs, die an mindestens drei Seiten vom Alten Mann umgeben sind.«
In rd. 30% aller Auslauffälle in Streben sind Kohleninseln und/oder Abbaukanten im nämlichen oder im über- oder unterlagernden Flöz festgestellt worden. In diesen Fällen wurden hiervon ausgehende Beeinflussungen aber nur dann angenommen, wenn die Abbaukanten oder Kohleninseln entweder in benachbarten Flözen in weniger als 50 m bankrecht gemessenem Abstand anstanden oder sich der Abbau im selben Flöz auf weniger als 50 m im Streichen einer Kohleninsel genähert hatte. In zahlreichen Fällen sind in solchen Bereichen gleichzeitig tektonische Störungen angefahren worden, die die Auslösung des Auslaufens wesentlich mitbestimmt haben. Dieser Umstand soll zunächst außer acht gelassen werden.
Die aus der flachen Lagerung bekannte Wirkungsweise des von Abbaukanten und Restpfeilern ausgehenden Einflusses soll hier nochmals erwähnt werden, weil die durchgeführten Einzeluntersuchungen in sehr zahlreichen Fällen wieder die analoge Übertragbarkeit der Kenntnis von gebirgsmechanischen Vorgängen in der flachen Lagerung auf die steile Lagerung zu erlauben scheinen.
Nach anerkannter Auffassung gehen von Kohleninseln tiefreichende Gebirgsdruckwirkungen in die hangenden und liegenden Gebirgsschichten aus. An die durch Bruchwinkel begrenzte Kernzone hoher Spannungen schließen sich nach beiden Seiten Randzonen an, deren Projektion auf die Flözebene über die Grund-

fläche der Kohleninsel hinausreicht, und die als unter geringerem Zusatzdruck stehende Bereiche anzusehen sind.

Wegen dieser bekannten Wirkungen wird das Anstehenlassen von Kohleninseln in auslaufgefährlichen Flözen nicht nur sorgsam vermieden, sondern es werden darüber hinaus alle geeigneten Maßnahmen ergriffen, diese Flöze

a) nach Möglichkeit vorzuentspannen und
b) restlos abzubauen.

Zur Vorentspannung dient die Über- bzw. Unterbauung des gefährdeten Flözes durch ein geeignetes Entspannungsflöz. In beiden Fällen wird damit eine Minderung des Nutzdruckes auf das zu entlastende Flöz erreicht, wenngleich durch Unterbauung wegen der nachhaltigeren Auflockerung des Hangenden wahrscheinlich eine bessere Entspannung erreicht wird als durch Überbauung. Eine verbindliche und allgemein gültige Regel, ob Überbauung oder Unterbauung wirkungsvoller ist, kann natürlich nicht gegeben werden, da die Eignung eines Flözes als Entspannungsflöz nur nach örtlichen Gegebenheiten, dem Abstand zu dem zu entspannenden Flöz, der Art des vorhandenen Nebengesteins, der Mächtigkeit der Flöze und nach wirtschaftlichen Gesichtspunkten von Fall zu Fall beurteilt werden kann. Beim Abbau ein und desselben Entspannungsflözes für ein gleiches auslaufgefährliches Flöz werden daher regional unterschiedliche Erfahrungen über mehr oder minder gute Entlastungswirkungen gemacht.

Unabhängig von den aufgezeigten Gesichtspunkten zur Wahl von Entspannungsflözen kann es aus vielen Gründen unvermeidbar werden, in dem Entspannungsflöz selbst eine Kohleninsel anstehen zu lassen. Häufig entstehen z. B. beim Durchfahren von Störungszonen so erhebliche Abbauschwierigkeiten, daß man zum Anstehenlassen einer Kohleninsel gezwungen wird. Von dieser geht ein Gebirgsdruck auf die hangenden und liegenden Gebirgsschichten über, in die der Abbau eines im übrigen vorentspannten Flözes vorstößt. Wenn es in einem Flözteil unter Einfluß des Stanzdruckes der hangenden oder liegenden Kohleninsel zu Abbauschwierigkeiten kommt, kann es möglicherweise abermals notwendig werden, den Abbau zu beenden. Unter Anstehenlassen einer Kohleninsel muß dann der Abbaubetrieb hinter der Insel weitergeführt werden. Als Auswirkung der nun wieder stehengelassenen Kohleninsel überlagern sich die Zusatzdruckzonen beider Restpfeiler, deren Wirkungen jetzt noch tiefer in das umgebende Gebirge reichen und zum Auslaufen Anlaß geben können.

Zum Anstehenlassen der gefürchteten Kohleninseln im Bereich von Querschlägen kann man auf folgende Art gezwungen werden:

Vorrichtungsaufhauen werden in der Praxis gewöhnlich nur wenige Meter hinter der aus dem Orts- oder Abteilungsquerschlag in die Flözstrecke führenden Kurve angesetzt. In auslaufgefährlichen Flözen treten dabei oft schon bei ganz geringer Höhe der Ortsbrust des Aufhauens Auslauffälle auf, weil sich die Kohlenfront in einem kritischen Druckbereich befindet. An dieser Stelle nämlich überlagern sich vier Druckgewölbe:

1. Druckgewölbe um den Querschlag,
2. Druckgewölbe um die Abbaustrecke,
3. Druckgewölbe um das Aufhauen in Auffahrung,
4. Druckgewölbe um die Streckenabzweigpfeiler.

Diese Überlagerung auf engstem Raum erzeugt Zusatzspannungen, unter denen
gefährdete Kohle ausläuft. Sofern nun das erste Aufhauen nicht weiter aufgefahren
werden kann, sondern in angemessenem Abstand vom Querschlag wieder neu
angesetzt wird, durchschlägig wird und jenseits des Querschlages in der entgegen-
gesetzten Verhiebrichtung ebenso verfahren wird, ist die Kohleninsel entstanden.
Beim Ansetzen von Aufhauen oder bei Querschlagsüberfahrungen im über- oder
unterlagernden Flöz kann die Auswirkung solcher anstehenden Inseln so erhebliche Schwierigkeiten bedingen, daß in dem entsprechenden Bereich abermals eine
Insel – mit nunmehr noch stärkeren Wirkungen – anstehen bleiben muß.

4.9.2. *Der Einfluß von Querschlagsüberfahrungen*

Der Einfluß des Druckgewölbes über und unter Querschlägen auf die Auslauf-
tätigkeit in Schrägbauen läßt sich bei der Über- oder Unterfahrung eines Querschlages durch den Streb am besten beobachten. Da bei der Überfahrung die
Ladestelle am Strebeingang nicht, wie im Normalbetrieb, dem fortschreitenden
Streb folgen kann, wird der untere Strebteil entgegen der Schrägstoßrichtung auf
Gegenböschung gesetzt, bis ein Aufhauen, das jenseits des Querschlags dem Streb
entgegengefahren wird, wieder Verbindung mit dem Streb erhalten hat und die
Ladestelle an den Ansatzpunkt des Aufhauens verlegt werden kann. In Abb. 8
sind die verschiedenen Phasen der Überfahrung dargestellt. Zum Zeitpunkt
der Über- oder Unterfahrung entstehen jedoch wiederum zwischen dem auf
Gegenböschung stehenden Strebteil und dem entgegengefahrenen Anschlußaufhauen kleine Kohleninseln, die den umgebenden Flözbereich unter erhöhten Zu-

I Normaler Betriebszustand *vor* der Querschlagsüberfahrung

II Betriebszustand *während* der Querschlagsüberfahrung. Kohle wird zur Ladestelle 1
über den auf Gegenböschung gestellten
Stoß gefördert. Der Streb hat *fast* das ent-
gegengefahrene Anschlußaufhauen 3 erreicht.

III Streb hat das Anschlußaufhauen 3 erreicht. Die Kohle wird bereits zur Ladestelle
2 durch das Aufhauen gefördert.

IV Normaler Betriebszustand *nach* der Querschlagsüberfahrung.

4 Stehengebliebene Kohleninseln

Abb. 8   Betriebszustände beim Überfahren eines Querschlages mit dem Streb

satzdruck bringen. Außerdem bilden sich zwei neue Druckzonen um das Anschlußaufhauen und den auf Gegenböschung stehenden Strebteil aus, die den Kohlenstoß da, wo sich die Druckgewölbe überlagern, zusätzlich belasten. Drittes gefährdendes Moment ist der im allgemeinen geringe Abbaufortschritt während der Querschlagsüberfahrung. Hiervon herrührende nachteilige Wirkungen dürfen nicht außer Betracht gelassen werden.

4.9.3. Einflüsse von benachbarten Bauhöhen

Von benachbarten und schon abgebauten Bauhöhen gehen Gebirgsdruckwirkungen aus und beeinflussen einen in Verhieb stehenden Streb. Besonders charakteristische Stellungen von Streben zum Abbaustand in benachbarten Bauhöhen sind in der Abb. 9, S. 60, dargestellt. Vergleicht man die verschiedenen Möglichkeiten miteinander und unterstellt zunächst keinerlei Gebirgsdruckeinfluß aus über- oder unterlagernden Flözen, so ist die unterschiedliche Stärke der Beeinflussung auf das betrachtete Flöz in den Fällen I–V leicht einzusehen.

Im Fall I ist der Streb von benachbarten Bauhöhen unbeeinflußt.
Im Fall II wirkt, insbesondere auf den Strebkopf, der Randdruck des Abbaus oberhalb der 4. Sohle auf den in Verhieb stehenden Streb ein.
Im Fall III handelt es sich um den Abbau einer ausgesprochenen Restbauhöhe unter beiderseitiger Randdruckbeeinflussung.
Im Fall IV liegt, ähnlich wie im Fall II, einseitiger Randdruck auf den unteren Strebteil vor.
Im Fall V stellt die Bauhöhe zwischen Ort 2 und der 4. Sohle eine Restbauhöhe dar. Der Streb zwischen der 5. Sohle und Ort 1 könnte von voreilendem Zusatzdruck der mittleren Bauhöhe beeinflußt sein und die mittlere Bauhöhe selbst unter Einfluß des voreilenden Zusatzdruckes des oberen Strebs liegen.
Der Fall V darf jedoch heute als seltener Abbauzuschnitt gelten.

JACOBI [7] hat über die Größenordnung des Flözdruckes auf im Abbau befindliche Streben der flachen Lagerung in Untersuchungen über »Druck auf Flöz und Versatz« berichtet. Unter Zugrundelegung des Gedankenmodells der »pseudoplastischen Trogdecke« führte JACOBI unter anderem folgendes aus: Um einen Streb, dessen benachbarte Bauhöhen noch unverritzt sind, liegt die Trogdecke hinter und an den Seiten des Versatzfeldes auf den Rändern des anstehenden Flözes auf. Zur Ermittlung des Auflagerdruckes der Trogdecke wird das Gewicht der aufliegenden Schichten errechnet und auf die Größe der Auflagerfläche verteilt. Bohrlochverformungsmessungen in Verbindung mit gewissen Annahmen ergeben einen im Abbauvorfeld des Strebs nachweisbaren, voreilenden Zusatzdruck bis ca. 100 m vor den Streb. Dort wirkt lediglich der Überlagerungsdruck (für 800 m Teufe errechnet) von 2000 t/m². In Richtung auf den Streb wächst er an und beträgt unmittelbar vor dem Streb 7500 t/m². Seitlich des Strebs baut sich ein *Randdruck* auf, der ca. 50 m vor dem Streb einsetzt und dort ebenfalls gleich

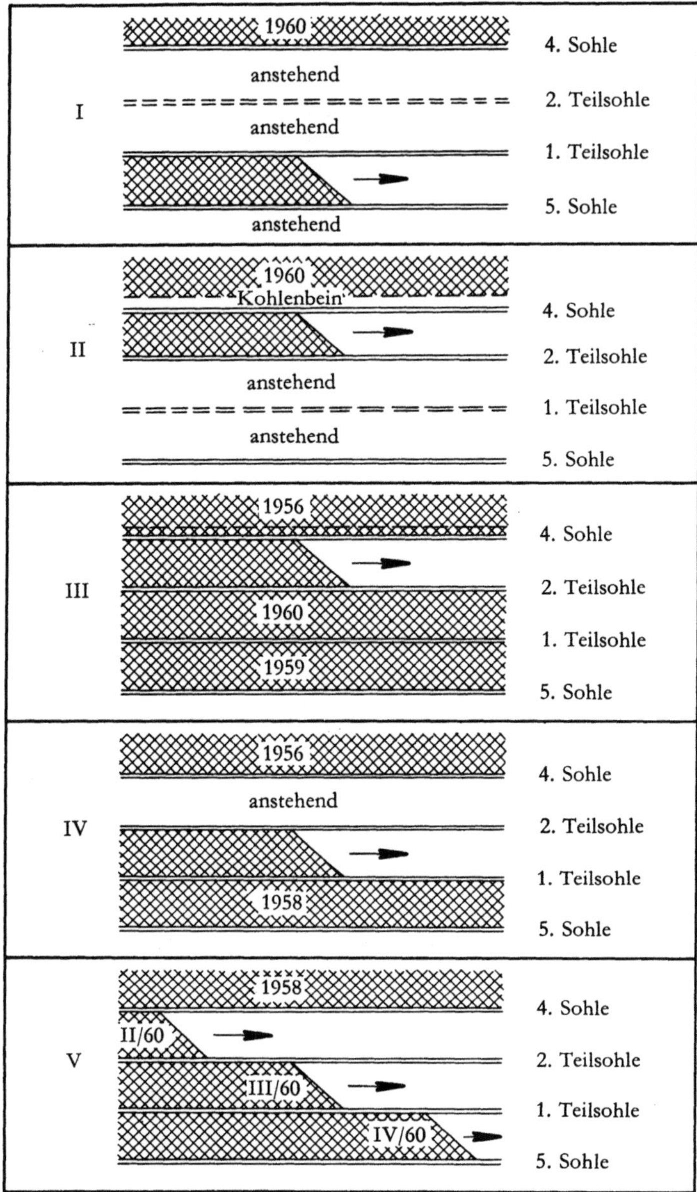

Abb. 9 Verschiedene Möglichkeiten der Abbauführung zwischen zwei Hauptsohlen

dem Überlagerungsdruck ist. In Höhe der Strebfront ist er bereits um 60% größer als der Überlagerungsdruck, rd. 200 m hinter dem Streb um etwa 250% und bei 300 m hinter dem Streb um etwa 275% größer als der Überlagerungsdruck. Über die Reichweite des Randdruckes in das seitliche Auflager der benachbarten Bauhöhen stellt JACOBI fest, daß die Druckflächen für einen Randdruck und einen

60

gleichgroßen Zusatzdruck vor dem Streb einander gleich sein müssen. Daraus ist die Reichweite des Randdruckes über die Flächengleichheit zu errechnen. Im Bereich seines Maximums, rd. 300 m hinter dem Streb, reicht der Randdruck bis ca. 100 m in die benachbarten Bauhöhen hinein.

Mögen die theoretischen Erörterungen – besonders hinsichtlich der Zahlenwerte – auch noch stark umstritten und die Übertragbarkeit der Kenntnisse auf die steile Lagerung noch ungewiß sein, so stimmen die Auffassungen von H. HOFFMANN und FRITZSCHE mit der von JACOBI insofern überein, als die Randdruckwirkungen bis mindestens 30 m tief in einen Streb hineinreichen. Wenn tatsächlich von benachbarten, abgebauten Bauhöhen derartige Randdruckwirkungen ausgehen, müßte die Mehrzahl aller Auslauffälle in Streben – unter entsprechenden Voraussetzungen – unabhängig von allen anderen auf die Auslösung des Auslaufvorganges bestehenden Einflüssen – etwa 30 m unterhalb des Strebausgangs bzw. oberhalb des Strebeingangs auftreten. Aus der ausgewerteten Statistik ist nicht ohne weiteres eine Bestätigung für die Richtigkeit der Überlegungen zu erwarten, weil der Einfluß des herrschenden Randdruckes nicht allein auftritt, sondern sich zumeist mit anderen Einflüssen überlagert. Trotzdem zeigt die Untersuchung der Auslauffälle, daß unter 31 Streben, deren tieferliegende, höherliegende oder deren beide benachbarte Bauhöhen abgebaut waren, in 23 Fällen der tiefste Ansatzpunkt der Auslaufräume sich in einem bis zu 30 m (im Einfallen gemessen) parallel zur *Kopfstrecke* bzw. zur Ladestrecke verlaufenden Streifen befand. Da demnach in 74% der untersuchten Fälle das Auslaufen in der Umgebung der Strebköpfe und der Strebeingänge nachzuweisen war, ist die Übertragbarkeit der Annahmen über die Reichweite von Randdruckwirkungen aus der flachen in die steile Lagerung eindrucksvoll bestätigt worden.

Aus der Reichweite von Randdruckwirkungen erklärt sich ebenfalls der relativ hohe Anteil von 18% der betrachteten Fälle, in denen Auslaufen von Kohle in Restbauhöhen (vgl. Abb. 9, S. 60, Bild III) beobachtet wurde. Der Randdruck, verursacht durch das freitragende Hangende über der benachbarten, früher abgebauten Bauhöhe, wirkt auf den Rand der anstehenden Restbauhöhe, die z. Z. im Abbau steht. Während des fortschreitenden Abbaus wird dem voreilenden Zusatzdruck ständig das Widerlager entzogen. Der Zusatzdruck wirkt nunmehr stärker auf die Abbauränder, die der Beanspruchung nicht gewachsen sind. Das Abbauhangende senkt sich schneller als sonst auf die Versatzränder der benachbarten Bauhöhen. H. HOFFMANN [8] leitet daraus die höhere Druckbelastung über Strebeingang und Strebausgang gegenüber dem Mittelteil des Strebs ab.

Diese Betrachtung gilt sinngemäß auch, wenn nur die höhergelegene obere Bauhöhe eines Strebs abgebaut ist und die untere noch ansteht. In diesem Fall ist der Strebkopf aber einer nochmals erhöhten Beanspruchung ausgesetzt, da sich der Schwerpunkt der absenkenden Trogdecke zur höherliegenden Bauhöhe verschiebt, also keine zur Strebmitte symmetrische Absenkung erfolgt.

Eine Bestätigung für die Richtigkeit dieser Annahme liefert die große Zahl von Auslauffällen in Streben der Lage I in Abb. 9, S. 60. In diesen Lagen ist der Randdruck voll wirksam und wesentlich mitverantwortlich für das überwiegende Auslaufen im oberen Strebdrittel.

Je häufiger demnach ein Flözstück zwischen zwei Hauptsohlen durch Zwischensohlen unterteilt wird, um so stärker nimmt die Auslaufgefährlichkeit zu. Umgekehrt ist durch die Wahl optimal großer flacher Bauhöhen der Streben diese Gefährlichkeit zu verringern, weil weniger Randdruckzonen wirksam werden.

Sofern bei einem Abbau von Sohle zu Sohle eine zu große Schrägbaulänge entsteht, die aus Gründen der Staubentwicklung oder der Materialförderung in den Streb nicht zu vertreten ist, können bei durchgehendem Schrägbau auch ein oder zwei Kohlenabfuhrstrecken im Versatz nachgeführt werden. Vom Standpunkt der Minderung einer Auslaufgefährlichkeit ist diese Bauweise sowohl der Anordnung gleichzeitig hintereinander laufender Streben als auch der früheren »Tannenbaumbauweise« mit Abstand überlegen.

4.9.4. Einfluß der Gebirgsdruckwirkungen um Abbaustrecken auf das Auslaufgeschehen

Nach den durchgeführten Untersuchungen besteht keine Veranlassung, den Auflockerungszonen um Abbaustrecken einen wesentlichen Einfluß auf das Einleiten von Auslaufereignissen im Streb beizumessen. Hierzu haben folgende Beobachtungen der Praxis und gebirgsmechanische Überlegungen geführt:

1. Falls die Grundstrecke eines Strebs, dessen tiefere Bauhöhe noch ansteht, nicht schon ganz aufgefahren ist, wird sie beim Feldwärtsbau gewöhnlich um eine Zuglänge, also 20, 30 oder 40 m dem Strebeingang vorgesetzt. Damit liegt das Streckenort zweifellos im Bereich des dem Streb voreilenden Zusatzdruckes. Infolgedessen kommt es in vorgesetzten Abbaustreckenörtern verhältnismäßig häufig zum Auslaufen der Kohle. Entstehende, größere Auslaufräume sind dabei leider nicht oder nur unvollständig verfüllbar. Sie werden gewöhnlich, entweder mit einem Holzpfeiler, oder nur mit einer verstärkten Firstenabdeckung der Strecke gesichert. In das Grubenbild werden solche Räume viel zu selten eingezeichnet.

Die Reichweite der Trompeterschen Auflockerungszone um Strecken beträgt etwa 5 m. Obschon der Strebteil oberhalb des Strebeingangs in dieser Auflockerungszone liegt, kommt hier erfahrungsgemäß nur sehr selten Auslaufen von Kohle vor. Der hauptsächliche Anlaß zum Auslaufen der Kohle nur wenig oberhalb des Strebeingangs geht vielmehr auf folgende zwei Ursachen zurück:

a) Anfahren eines bei der Streckenauffahrung entstandenen Auslaufbereiches, der erneut zum Auslaufen angeregt wird,

b) Anfahren einer Störung oder einer Störungszone mit auslaufgefährlicher Störungskohle.

2. Falls die Kopfstrecke eines Strebs zugleich Kohlenabfuhrstrecke vom Abbau der höheren Bauhöhe ist, geht von ihr kein feststellbarer Gebirgsdruckeinfluß auf den Strebkopf aus.

Wird eine frühere Ladestrecke zur Verwendung als neue Kopfstrecke a) wieder aufgewältigt oder wird sie b) unter Stehenlassen einer angemessen breiten Kohlenrippe unter der alten Grundstrecke neu aufgefahren, so wird das Streckenort dem Strebkopf meist um 20 m vorgesetzt. Wenn in diesen Fällen im mittleren oder oberen Strebdrittel Auslaufen auftritt, endet der kamin- oder glockenförmige Auslaufraum meistens 2–3 m unter der Streckensohle. Nach einhelliger Meinung der Praxis ist die Ursache dieser Erscheinung die »Schwebe«, in der die Kohle so fest zwischen Hangendem und Liegendem eingeklemmt ist, daß sie nicht mehr auslaufen kann. Fälle, in denen sich der Auslaufraum durch die Schwebe durchsetzte, sind dem Verfasser nur da bekanntgeworden, wo auf Grund von besonders schlechten Nebengesteinsverhältnissen (Durchfeuchtung, Störungsgebiet) Hangendes und/oder Liegendes samt der Schwebe abrutschten. Hierdurch konnte sich der Auslaufraum vereinzelt sogar bis über die Streckenfirste hinaus ausdehnen. Das eindeutige Vorhandensein dieser Schweben, die ebenfalls im Erzbergbau bestens bekannt sind, ist ein klarer Beweis für die These:

> Auslaufvorgänge sind Entspannungserscheinungen in der Kohle, weil sie genau da aufhören, wo eine Entspannung in der Kohle *nicht* mehr möglich ist.

3. In 5 von 76 Auslauffällen ist Kohle in beschränktem Ausmaß an Berge-Kippstellen in Kopfstrecken von Streben ausgelaufen. Für die allgemeine Erforschung der Auslaufursachen haben diese Fälle jedoch keinen praktischen Wert. Das Auslaufen an solchen Stellen, das normalerweise höchstens 2–4 m hoch reicht, bleibt damit innerhalb der Auflockerungszone stecken, ohne sich in einem einzigen Fall innerhalb einer noch anstehenden Bauhöhe fortgesetzt zu haben. Die Ursachen für diese Auslauffälle bestehen fast immer in Überlastung zu schwachen Ausbaus an der Kippstelle. Gibt dieser Ausbau insgesamt nach oder verbricht sogar, so kann es zum »Auslaufen« in der über der Firste anstehenden Kohle (oder in einem Kohlebein) kommen. Derartige Fälle sollten jedoch zukünftig besser als kleiner Streckenbruch bezeichnet werden, da hier kein definitionsgerechtes Auslaufen von Kohle vorliegt.

5.0.0. Das Auslaufgeschehen im Lichte der Unfallstatistik

Auf Grund der bisherigen Betrachtungen konnte eine Übersicht über einige wichtige, das Auslaufen von Kohle herbeiführende Einflüsse aufgestellt werden. Im nachfolgenden Kapitel soll mit Hilfe der allgemeinen Unfallstatistik versucht werden, einen Überblick über die absolute Häufigkeit von Auslaufereignissen zu geben.

5.1.0. Beschreibung des Untersuchungsmaterials

Das Material zu dieser Untersuchung bestand aus zwei Lochkartensätzen. Der Satz I beinhaltet das gesamte untertägige Unfallgeschehen des Ruhrgebietes im Jahre 1957. Sein Umfang betrug 91 310 Untertage-Unfälle. Der Satz II bestand aus 25 470 Karten und beschrieb das Unfallgeschehen einer Bergwerksgesellschaft mit fünf fördernden Schachtanlagen.

Die Lochkarten trugen folgende verschlüsselte Angaben:

Zeche	Überschichten
statistisches Zeichen	Nachtschichten
Unfalldatum nach Zeit,	Nichtschichten
Tag, Monat und Jahr	Feierzeit
Schichtbeginn	verletzte Körperteile
Arbeitsdauer	Flöz
Schichtart	Streb-Nr.
Vorunfälle	Unfallort
Lebensalter	Tätigkeit
Familienstand	Unfallursache
Kinder	Innere Veranlassung
Arbeitergrad	Schutzmittel
Kostenstelle	15 Kennzeichen zur Streb-
Berufsalter	und Ausbaubeschreibung

5.2.0. Auswertung des Lochkartenmaterials

Die interessierenden Angaben, in welcher Menge, an welchem Betriebspunkt und unter welchen näheren Umständen Kohle auslief, waren z. T. nur auf indirektem Wege aus anderen Kennzeichen zu ermitteln. Es mußte daher eine langwierige, maschinelle Aufbereitung des Karteninhaltes vorgenommen werden, die aus den Arbeitsgängen

Programmieren,
Sortieren,
Tabellieren und
Auswerten

bestand.

Im Interesse einer knappen Darstellung wird nachfolgend auf eine *eingehende* Beschreibung des maschinell ausgeführten Teiles (auf Sortier- und Tabellier-maschinen) verzichtet.
Fälle von ausgelaufener Kohle wurden aus dem mit vier Kartenstellen beschriebe-nen Merkmal »Unfallursache« ermittelt. Der hierzu gehörige Schlüssel ist nach-stehend wiedergegeben. (Sofern es im folgenden bei Systematisierungen nicht auf einzelne Schlüsselstellen innerhalb der Schlüsselzahl ankommt, wurden diese durch Punkte ersetzt).

Schlüsselzahl	*Unfallursache*	
1. *Sortiergang*		
0...	Allgemeine Ursache	
	(Alle anderen Karten ohne 0 in der ersten Kartenstelle wurden als nicht interessierend ausgeschieden)	
2. *Sortiergang*		
01..	Steinfall	
02..	Kohlefall	
03..	Gleichzeitiger Stein- und Kohlefall (GSK)	
	(Alle Karten mit höherer Zahl als 3 in der 2. Kartenstelle wurden als nicht interessierend ausgeschieden)	
3. *Sortiergang*		
01..	(Karten 01.. insgesamt gezählt und dann ganz aus der Untersuchung ausgeschieden)	
4. *Sortiergang*		
021.	Einzelbrocken von Kohle	
022.	Auslaufende Kohle	
023.	Bruch geringen Umfangs im Abbau (BgUA)	
024.	Bruch größeren Umfangs im Abbau (BGUA)	
	(Alle Karten mit höherer Schlüsselzahl als 024. wurden ausgeschieden)	
5. *Sortiergang*		
0211	Einzelbrocken von Kohle	bis Fausgröße
0212	Einzelbrocken von Kohle	bis Kopfgröße
0213	Einzelbrocken von Kohle	bis 50 kg
0214	Einzelbrocken von Kohle	über 50 kg
0215	Einzelbrocken von Kohle	Kohlenlagen
6. *Sortiergang*		
0221	Auslaufende Kohle	von Eimerinhalt
0222	Auslaufende Kohle	bis 50 kg
0223	Auslaufende Kohle	bis 1 t
0224	Auslaufende Kohle	über 1 t

7. *Sortiergang*		freigelegte Hgd.-Fläche
0231	BgUA mit Kohlenfall	bis 2 m²
0232	BgUA mit Kohlenfall	2– 5 m²
0233	BgUA mit Kohlenfall	5–10 m²
0234	BgUA mit Kohlenfall	10–20 m²
0235	BgUA mit Kohlenfall	über 20 m²
8. *Sortiergang*		Länge des Bruches
0241	BGUA mit Kohlenfall	bis 5 m
0242	BGUA mit Kohlenfall	5– 10 m
0243	BGUA mit Kohlenfall	10– 20 m
0244	BGUA mit Kohlenfall	20– 50 m
0245	BGUA mit Kohlenfall	50–100 m
0246	BGUA mit Kohlenfall	über 100 m
9. *Sortiergang*		
031.	Einzelbrocken bei GSK	
032.	Gleichzeitig auslaufendes Gestein und Kohle	
033.	BgUA bei GSK	
034.	BGUA bei GSK	
	(Alle Karten mit höherer Schlüsselzahl als 034. wurden ausgeschieden)	
10. *Sortiergang*		
0311	Einzelbrocken von GSK	bis Faustgröße
0312	Einzelbrocken von GSK	bis Kopfgröße
0313	Einzelbrocken von GSK	bis 50 kg
0314	Einzelbrocken von GSK	über 50 kg
0315	Einzelbrocken von GSK	Lagen aus dem Hangenden
11. *Sortiergang*		
0321	Gleichz. Ausl. von Gebirge u. Kohlen	von Eimerinhalt
0322	Gleichz. Ausl. von Gebirge u. Kohlen	bis 50 kg
0323	Gleichz. Ausl. von Gebirge u. Kohlen	bis 1 t
0324	Gleichz. Ausl. von Gebirge u. Kohlen	über 1 t
12. *Sortiergang*		ausgebrochene Hgd.-Fläche
0331	GSK mit BgUA	bis 2 m²
0332	GSK mit BgUA	2– 5 m²
0333	GSK mit BgUA	5–10 m²
0334	GSK mit BgUA	10–20 m²
0335	GSK mit BgUA	über 20 m²
13. *Sortiergang*		Bruchlänge
0341	GSK mit BGUA	bis 5 m
0342	GSK mit BGUA	5– 10 m
0343	GSK mit BGUA	10– 20 m
0344	GSK mit BGUA	20– 50 m
0345	GSK mit BGUA	50–100 m
0346	GSK mit BGUA	über 100 m

Nach sämtlichen Sortiergängen wurden die Karten in jeder Schlüsselzahlengruppe gezählt.

Im Anschluß an diese Sortierung nach dem Merkmal »Unfallursache« wurde nach dem ebenfalls vierstelligen Merkmal »Unfallort« weitersortiert. Aus Gründen der Zweckmäßigkeit wurden aber zuvor alle Karten 021. und 031. – Einzelbrockenfall – aus dem Kartensatz entnommen, da diese Unfälle keine Fälle von auslaufender Kohle darstellen.

Die Weitersortierung nach »Unfallort« war dadurch erforderlich geworden, weil die nicht vorhandene Verschlüsselung des Flözeinfallens indirekt in »Unfallort« in nachfolgender Gruppierung enthalten war:

Unfallort:	Streben in flacher Lagerung	bis 20^g
	Streben in mittelflacher Lagerung	$20\text{–}40^g$
	Streben in mittelsteiler Lagerung	$40\text{–}60^g$
	Streben in steiler Lagerung	über 60^g

Außerdem konnten wegen der vierstelligen Verschlüsselung des Unfallortes Begriffe wie Ortsbrust, Fahrtrum, Fördertrum, Damm unterhalb des Strebfußes, Damm oberhalb Strebkopf, Gewinnungsfeld, Förderfeld, Fahrfeld, Versatzfeld, Raubfeld, Störungszone, Eingang am Strebfuß, Vorsatzknapp des Strebs, 1., 2., 3. und 4. Viertel des Strebs (vom Strebfuß aus gerechnet) und Eingang am Strebkopf erfaßt werden.

Nach den weiteren Sortiergängen mit Auswertung des Unfallortes entstand aus dem Ausgangsmaterial von 91 310 Karten ein auszuwertender Satz von 305 Lochkarten. Das Programm der Tabellierung sah vor, in drei Gruppen folgende Fälle auszuschreiben:

Gruppe 1 Alle Auslauffälle auf Grund von

    a) reinem Kohlenfall

    b) gleichzeitigem Stein- und Kohlefall,
       die sich in Streben und Aufhauen im Einfallsbereich
       $0\text{–}60^g$ ereignet haben.

Gruppe 2 Auslauffälle in Streben und Aufhauen, die sich bei einem Einfallen von über 60^g ereignet haben.

Gruppe 3 Auslauffälle mit widersinnigen Unfallort-Lochungen.

Da es erheblich zu weit führen würde, die gesamte Auswertung des Materials zu diskutieren, weil es ja letzten Endes nur darauf ankam, die Anzahl von Unfällen durch wirklich auslaufende Kohle festzustellen, sollen nachfolgend nur die wichtigsten Ergebnisse tabellarisch aufgeführt werden (vgl. Tab. 10, S. 68).

Tab. 10   *Unfallstatistik I* (Karteneinsatz = 91 310)

Unfälle pro 1000 Gesamtunfälle (Ruhr- ⌀ 1957)	Schlüssel-Nr. der Unfallursache	Klartext der Unfallursache
82,30	021.	Einzelbrocken Kohle
2,28	022.	Auslaufende Kohle
0,14	023.	Kleiner Bruch im Abbau
0,11	024.	Großer Bruch im Abbau
9,08	031.	Einzelbrocken Kohle und Gestein
0,28	032.	Auslaufende Kohle und Gestein
0,43	033.	GSK mit kleinem Bruch im Abbau
0,13	034.	GSK mit großem Bruch im Abbau
Unfälle pro 100 000 Gesamtunfälle		
		Auslaufen von Eimerinhalt
7,66	0221	in Flözstrecken
2,19	0221	in Aufhauen
25,19	0221	in Streben bis 20^g
8,76	0221	in Streben 20–40^g
14,24	0221	in Streben 40–60^g
3,29	0221	widersinnige Lochungen
13,14	0221	in Streben über 60^g
		Auslaufen 50 kg bis über 1 t
20,81	0222–0224	in Flözstrecken
43,81	0222–0224	in Streben bis 20^g
15,33	0222–0224	in Streben 20–40^g
32,85	0222–0224	in Streben 40–60^g
29,57	0222–0224	in Streben über 60^g
6,58	0222–0224	in Aufhauen über 60^g
		Kleiner Bruch
1,094	0231	in Streben bis 20^g
1,094	0231	in Streben 40–60^g
1,094	0232	in Flözstrecken $<5\,m^2$
1,094	0233	in Flözstrecken $>5\,m^2$
2,188	0234	in Streben bis 20^g
1,094	0233	in Streben über 60^g
		Größerer Bruch
1,094	0241	in Flözstrecken
2,188	0243	in Streben bis 20^g
1,094	0244	in Flözstrecken
1,094	0245	in Streben 40–60^g
1,094	0242	in Streben über 60^g

Eine graphische Darstellung des Ergebnisses der Lochkartenauswertung ist in der Abb. 10, S. 71, enthalten.

Auf der Senkrechten der Zusammenstellung sind die 24 verschiedenen Unfallorte aufgetragen. In der Waagerechten kann die geschlüsselte Unfallursache mit der Zahl der Fälle je Unfallursache abgelesen werden. Die Einheit für die Darstellung eines Unfalles ist in der Legende angegeben.

Um zu zeigen, welche erheblichen Mängel das Lochkartenmaterial aufweist und wie wenig es für diese besondere Aufgabe geeignet ist, über die tatsächliche Häufigkeit von Auslauffällen Auskunft zu erteilen, soll eine Kritik an der Verschlüsselung der Unfallursachen vorausgehen.

1. Beim kritischen Lesen des Schlüssels fällt auf, daß in den Schlüsselzahlen-Gruppen 0221–0224 – unabhängig vom Einfallen der Flöze – »auslaufende Kohle« geschlüsselt ist. Da definitionsgerechtes Auslaufen aber erst bei einem Einfallen von über 50^g auftreten kann, müssen alle diese Lochungen für Betriebe, in denen geringes Schichtfallen herrscht, – also »Streben bis 20^g«, »Streben 20–40^g« und etwa die Hälfte der »Streben 40–60^g« – widersinnig sein.

2. Die Lochungen 0231–0246, also »Kohlefall bei Brüchen geringeren und größeren Umfangs im Abbau« sind im Steinkohlenbergbau ebenfalls nicht sinnvoll, da Brüche im Abbau stets mit Gesteinsfall verbunden sind, nicht aber als reiner Kohlefall vorkommen. Korrekterweise müßten die hier erscheinenden Fälle entweder unter »auslaufender Kohle« – sofern bei einem Einfallen über 50^g – oder unter »gleichzeitigem Kohle- und Gesteinsfall« (03..) erscheinen. Die Fälle 0231–0246 gelten daher ebenfalls als Fehllochungen.

3. Auch die unter den Schlüsselnummern 0321–0346 erscheinenden Fälle bei Flözeinfallen bis 40^g stellen falsch geschlüsselte Fälle dar. Gleichzeitiger Stein- und Kohlenfall verbunden mit auslaufender Kohle bei geringerem Einfallen als 40^g ist ebenfalls definitionsgemäß unmöglich. Ebenso ist bei Brüchen im Abbau, gleich welchen Ausmaßes, der Steinfall die wesentliche Ursache und nicht etwa aus dem Kohlenstoß ausbrechende Kohle. Entweder müßten diese Fälle unter 01.. oder 02.. geschlüsselt sein.

Faßt man nun die eindeutigen und noch denkbaren *reinen Auslauffälle* zusammen und addiert noch diejenigen Fälle, bei denen zugleich mit Brüchen im Abbau (über 60^g Einfallen der Schichten) Kohle ausgelaufen sein *könnte*, ferner alle Auslauffälle in Aufhauen über 60^g Einfallen und in Abbaustrecken steilstehender Flöze, so beträgt die Unfallziffer

109,4 Auslaufunfälle pro 100 000 Gesamt-Untertage-Unfälle.

Das entspricht umgerechnet

1 *Auslaufunfall je* 913 *Gesamtunfälle unter Tage.*

Betrachtet man aber nur die Zahl regelrechter Auslauffälle, die sich *in Streben über
60^g Einfallen mit auslaufenden Massen über 1 Tonne* zugetragen haben, so reduziert
sich die Unfallziffer auf

1 *Auslaufunfall je* 18 262 *Gesamtunfälle unter Tage.*

Daß diese Ziffer sachlich unmöglich richtig sein kann, liegt auf der Hand, da diese
Zahl nur etwa fünf großen Auslauffällen im Jahre 1957 entspricht. Aber allein im
Bereich der Bochumer Bergbau AG gingen im gleichen Jahre – bei sehr kritischer
Beurteilung der auslösenden Ursachen – 15 tödliche Unfälle auf große Auslauf-
ereignisse zurück. Daher hat die Unfallstatistik im Hinblick auf die Ermittlung der
Unfallhäufigkeit durch auslaufende Kohle keinen Aussagewert.
Diese Feststellung wird auch durch folgendes fragwürdige Ergebnis bestätigt.
Setzt man alle Auslauffälle 0221–0224 in Streben zwischen 0 und 100^g Einfallen
gleich 100%, so ereigneten sich davon

40,00% in Streben bis	20^g Einfallen
11,52% in Streben mit	$20{-}40^g$ Einfallen
26,06% in Streben mit	$40{-}60^g$ Einfallen
22,42% in Streben über	60^g Einfallen

Obwohl die allgemeine prozentuale Verteilung der Anzahl aller Unfälle innerhalb
dieser Einfallsgruppen richtig sein mag, ist die Verteilung der Häufigkeit von
Auslauffällen mit Sicherheit *falsch*. Abgesehen von der sachlichen Unrichtigkeit,
im Einfallsbereich *bis* 50^g auslaufende Kohle als Unfallursache auszuweisen, sind
Betriebe, wie bereits ausgeführt wurde, bemüht, den Umfang auslaufender Kohle
möglichst klein darzustellen, wenn nicht gar als Strebbruch oder Einzelbrockenfall
anzugeben. Außerdem war der Auslaufvorgang bisher noch nicht eindeutig defi-
niert, so daß Zweifel über die Art dieses Ereignisses sehr wohl aufkommen konnten. Hierdurch läßt sich auch z. T. der hohe Anteil in der Gruppe 021. erklären.
Aus den genannten Gründen war es unmöglich, an Hand der allgemeinen Unfallstatistik auf den Umfang des Auslaufgeschehens im Ruhrgebiet zu schließen.
Der nachgewiesene Prozentsatz zumindest unsinniger – wenn nicht gar falscher –
Lochungen, der in der Abb. 10, S. 71, durch Einrahmung hervorgehoben ist,
beträgt, bezogen auf die Gesamtzahl der Unfälle in den Schlüsselgruppen 0231
bis 0346, »Bruch geringen und größeren Ausmaßes« und »Gleichzeitiger Stein-
und Kohlefall« 47,5%. Die Größenordnung der Fehlerhaftigkeit in diesem
Kartensatz ist damit die gleiche, wie sie von einem anderen, offiziellen Auswerter
etwa zur gleichen Zeit festgestellt wurde.

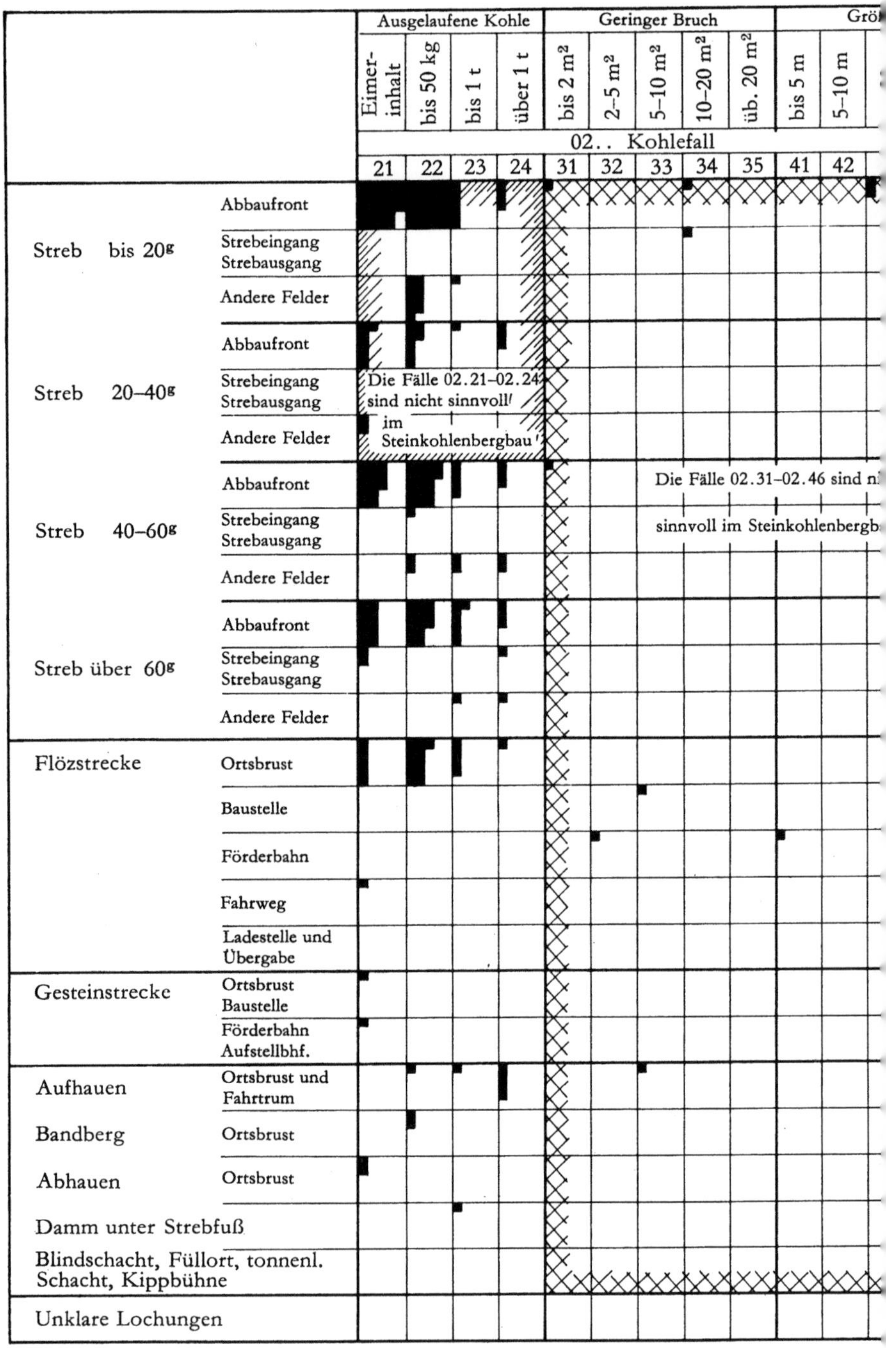

		Ausgelaufene Kohle				Geringer Bruch					Grö...	
		Eimer-inhalt	bis 50 kg	bis 1 t	über 1 t	bis 2 m²	2–5 m²	5–10 m²	10–20 m²	üb. 20 m²	bis 5 m	5–10 m
		02.. Kohlefall										
		21	22	23	24	31	32	33	34	35	41	42
Streb bis 20ᵍ	Abbaufront											
	Strebeingang Strebausgang											
	Andere Felder											
Streb 20–40ᵍ	Abbaufront											
	Strebeingang Strebausgang											
	Andere Felder											
Streb 40–60ᵍ	Abbaufront											
	Strebeingang Strebausgang											
	Andere Felder											
Streb über 60ᵍ	Abbaufront											
	Strebeingang Strebausgang											
	Andere Felder											
Flözstrecke	Ortsbrust											
	Baustelle											
	Förderbahn											
	Fahrweg											
	Ladestelle und Übergabe											
Gesteinstrecke	Ortsbrust Baustelle											
	Förderbahn Aufstellbhf.											
Aufhauen	Ortsbrust und Fahrtrum											
Bandberg	Ortsbrust											
Abhauen	Ortsbrust											
Damm unter Strebfuß												
Blindschacht, Füllort, tonnenl. Schacht, Kippbühne												
Unklare Lochungen												

Note im Feld 02.21–02.24: „Die Fälle 02.21–02.24 sind nicht sinnvoll im Steinkohlenbergbau"

Note im Feld 02.31–02.46: „Die Fälle 02.31–02.46 sind nicht sinnvoll im Steinkohlenbergb..."

Abb. 10   Graphische Darstellung der Auswertung von Unfallstatistik I

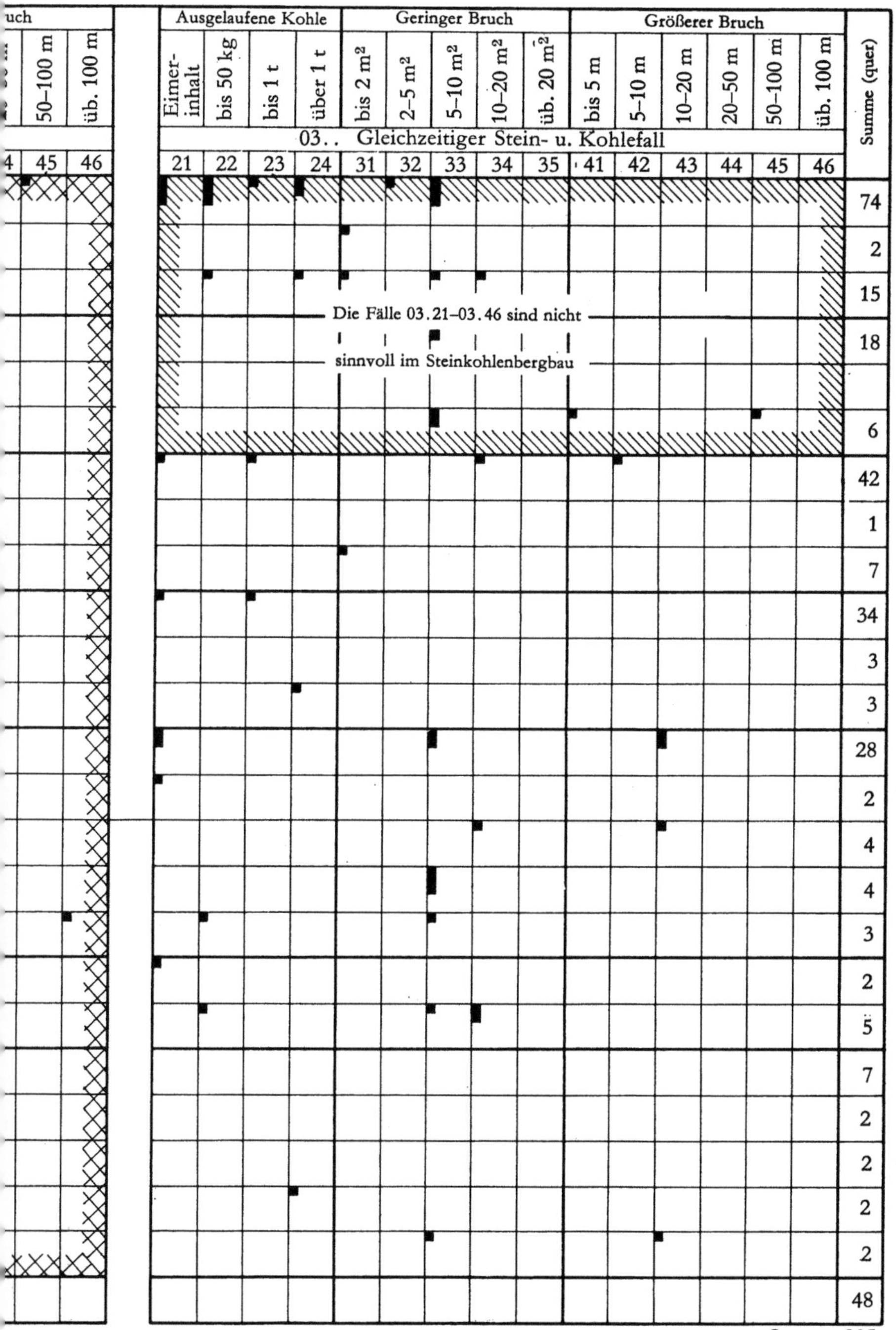

...uch			Ausgelaufene Kohle				Geringer Bruch					Größerer Bruch						Summe (quer)
50–100 m	üb. 100 m		Eimer-inhalt	bis 50 kg	bis 1 t	über 1 t	bis 2 m²	2–5 m²	5–10 m²	10–20 m²	üb. 20 m²	bis 5 m	5–10 m	10–20 m	20–50 m	50–100 m	üb. 100 m	
						03.. Gleichzeitiger Stein- u. Kohlefall												
45	46		21	22	23	24	31	32	33	34	35	41	42	43	44	45	46	
																		74
																		2
																		15
																		18
																		6
																		42
																		1
																		7
																		34
																		3
																		3
																		28
																		2
																		4
																		4
																		3
																		2
																		5
																		7
																		2
																		2
																		2
																		2
																		48

Die Fälle 03.21–03.46 sind nicht sinnvoll im Steinkohlenbergbau

Summe 305

■ = Einheit für einen Unfall

5.3.2. Ergebnisse aus der Unfallstatistik II

Es konnte auch noch eine zweite Statistik von Untertage-Unfällen ausgewertet
werden. Diese Statistik war nahezu in gleicher Weise wie die zuerst behandelte
aufgebaut und diente einer Zechengruppe mit sechs fördernden Schachtanlagen
zur Werksunfallforschung. Gegenüber der Statistik I wies Statistik II folgende
wesentliche Vorteile auf:

1. Das Lochkartenmaterial entstammte sechs vollständigen Jahrgängen (1955 bis
   1960) und bot damit eine repräsentative Verteilung der Unfallursachen.
2. Der Kartensatz bestand aus 25 470 Untertageunfällen, so daß eine Vergleich-
   barkeit mit der Statistik I gegeben war.
3. Man versprach sich von dem Lochkarteninhalt eine sehr große Gewähr für
   sachliche Richtigkeit, weil er auf Grund von zusätzlichen betriebsinternen
   Nachuntersuchungen erstellt worden war. Man wollte durch Auswertung der
   Statistik geeignete Unfallverhütungsmaßnahmen entwickeln.

Nachstehend sind für die wichtigsten Schlüsselgruppen die Auswertungsergeb-
nisse der Statistiken I und II gegenübergestellt.

Tab. 11

Unfallursache	Schlüssel-nummer	Statistik II	Statistik I
		Unfallhäufigkeit in den Ursachengruppen in %	
Steinfall (insgesamt)	01..	25,13	25,31
Reiner Kohlefall (insgesamt)	02..	9,28	8,23
Gleichz. Stein- u. Kohlefall (insgesamt)	03..	0,33	0,99
Gruppe der Unfälle durch reinen Kohlefall			
Einzelbrockenfall	021.	9,085	8,230
Auslaufende Kohle von Eimerinhalt			
bis mehr als 1 t	022.	0,190	0,230
Bruch geringeren Umfangs im Abbau	023.	0,000	0,014
Bruch größeren Umfangs im Abbau	0240	0,004	0,011
Gruppe der Unfälle durch gleichzeitigen Stein- und Kohlefall			
Einzelbrockenfall	031.	0,266	0,908
Auslaufende Kohle und Gestein	032.	0,029	0,028
Bruch geringen Umfangs im Abbau	033.	0,020	0,014

Beim Vergleich der Ergebnisse ist eine bemerkenswert große Übereinstimmung
ihrer Größenordnungen festzustellen. Hierdurch könnte der Eindruck entstehen,
die vorangestellte Kritik am geringen Aussagewert der Statistik I bestünde zu

Unrecht, und die ermittelte Anzahl echter Auslauffälle bewege sich tatsächlich in den zuerst ermittelten Größenordnungen. Wie nachgewiesen werden kann, ist dies jedoch nicht der Fall.

Es bestand die Möglichkeit, die maschinell sortierten Auslauffälle der Statistik II an Hand zusätzlicher Unterlagen einer eingehenden Prüfung zu unterziehen. Mit Hilfe statistischer Zählbögen, markscheiderischer Unterlagen, bergamtlicher Zählbögen und den betriebsinternen Untersuchungsberichten wurden in 22 von insgesamt 43 Auslauffällen in der Schlüsselgruppe 022. der Statistik II Falschlochungen festgestellt. Die Fehler bezogen sich entweder auf die Größe des Auslaufumfanges, auf falsch gelochte Einfallsbereiche oder darauf, solche Vorgänge als Auslaufen von Kohle gelocht zu haben, die definitionsgerecht keine solchen darstellen. Tatsächliches Auslaufen von Kohle im Einfallsbereich über 50^g lag nur in zehn Fällen vor.

Betrug der Prozentsatz für auslaufende Kohle von Eimerinhalt bis mehr als eine Tonne ursprünglich 0,19%, so lagen trotz Korrektur noch zehn echte Auslaufunfälle auf 25 470 Gesamtunfälle vor. Damit beträgt der korrigierte Anteil 0,039% oder

1 *Auslaufunfall je* 2547 *Gesamtunfälle.*

Der entsprechende Vergleichswert der Statistik I betrug

1 Auslaufunfall je 18 262 Gesamtunfälle.

5.4.0. Zusammenfassung

Würdigt man unter den aufgezeigten Gesichtspunkten sämtliche Fehler und Fehlermöglichkeiten in den Unfallstatistiken und die Tatsache, daß sich Statistik I auf ein Jahr, Statistik II aber auf 6 Jahre bezieht, so stellt mit hoher Wahrscheinlichkeit der aus Statistik II ermittelte Anteil von rd. 0,4% Unfällen durch auslaufende Kohle größeren Ausmaßes einen Richtwert für diese Unfallart dar. Leider ist aus diesem Ergebnis kein Schluß darauf möglich, wie oft auslaufende Kohle auftritt, *ohne* daß sich dabei ein Unfall ereignet.

Wenngleich die Auswertung der allgemeinen Unfallstatistik kein eindeutiges Ergebnis erbrachte, so ist der Wert der Untersuchung in der Tatsache zu sehen, zwei bestehende Informationsquellen für die Erforschung des Auslaufgeschehens auf ihre Brauchbarkeit geprüft zu haben.

6.0.0. Mathematisch-statistische Untersuchung der Unfälle durch auslaufende Kohle mit Hilfe des verfügbaren Untersuchungsmaterials

6.1.0. Vorbemerkung

Es soll das Ziel aller Untersuchungen und Beobachtungen sein, eine mathematische Formulierung für das Untersuchungsergebnis zu finden. Erst dann kann eine Untersuchung als völlig abgeschlossen gelten, wenn auf mathematischem Wege die Beziehungen zwischen den untersuchten Größen geklärt sind. Verständlicherweise sind die hierfür anzuwendenden Rechenverfahren um so schwieriger und komplizierter, je verwickelter die Zusammenhänge in der Aufgabenstellung sind.

Auch hier ist der Versuch gemacht worden, die Zusammenhänge zwischen dem Auslaufen der Kohle in Flözen der steilen Lagerung und den mannigfaltigen Einflüssen, die das Ergebnis »Auslaufen« herbeiführen, mit Hilfe der mathematischen Statistik zu durchleuchten[1].
Die mathematisch-statistische Behandlung des vorstehenden Problems stieß von vornherein auf erhebliche Schwierigkeiten. Um die gestellte Aufgabe möglichst gründlich zu erfüllen, ist jedoch nicht darauf verzichtet worden, auch diese Untersuchungsmöglichkeit auszuschöpfen, obwohl sich das vorhandene Untersuchungsmaterial für eine erkenntnisreiche mathematische Untersuchung nur wenig eignet. Aus diesem Grunde hat es der Verfasser nicht als seine Aufgabe angesehen, die allgemeinen Grundlagen der mathematischen Statistik zu behandeln, wenngleich es zum besseren Verständnis der angewendeten Varianzanalyse und der Deutung der Ergebnisse vielleicht wünschenswert gewesen wäre. Auch ist darauf verzichtet worden, den Rechengang der Varianzanalyse zu erörtern.

6.2.0. Das Zahlenmaterial für die Varianzanalyse

Die Varianzanalyse ist ein statistisches Rechenverfahren. Mit seiner Hilfe werden Einflußstärken, die auf ein einziges meßbares Ergebnis hinwirken, bestimmt. Die Zielgröße muß deswegen einen quantitativen, zahlenmäßig ausdrückbaren Wert besitzen. Die Beobachtungswerte hingegen können quantitativ oder auch qualitativ angegeben sein. Bedauerlicherweise konnte aus folgenden Gründen nicht das gesamte, in den Einzeluntersuchungen zusammengetragene Material für die Varianzanalyse verwendet werden:

---

[1] Für die mathematische Beratung, für die Programmierung und die Ausrechnung der durchgeführten Varianzanalysen gebührt der Rheinelbe-Bergbau AG, Gelsenkirchen, insbesondere Herrn Diplom-Mathematiker MAASSEN, aufrichtiger Dank.

1. Die Menge des Zahlenmaterials mußte begrenzt werden, weil zur Durchführung
der Varianzanalyse nur Meß- oder Beobachtungswerte gleichartiger Auslauffälle
verwendbar sind. Als solche galten die Auslauffälle in Streben, die jedoch nur
einen Stichprobenumfang von $n = 57$ Fällen lieferten. Bedenkt man, daß es sich
bei der Varianzanalyse um ein Stichprobenverfahren handelt, bei dem aus der
Kenntnis von Zusammenhängen innerhalb einer Stichprobe auf die Abhängigkeiten zwischen Einflußgrößen und der Zielgröße innerhalb der Grundgesamtheit
geschlossen werden soll, dann ist der Stichprobenumfang von $n = 57$ als winzig
anzusehen. Der Nachteil einer kleinen Stichprobe ist um so schwerwiegender,
je größer die Zahl der Einflußgrößen ist.

2. Unter der im Laufe der Untersuchung bekanntgewordenen großen Anzahl von
Einflüssen auf das Auslaufen mußten diejenigen Einflüsse mit der vermutlich
stärksten Wirkung ausgewählt werden. Wegen der Kleinheit des Stichproben-
umfangs war es geboten, auch die Zahl der in die Rechnung einzubeziehenden Einflußgrößen stark zu beschränken. Es konnten höchstens fünf Einflüsse berücksichtigt werden.

3. Die quantitativen Einflußgrößen wurden hierbei bevorzugt verwendet, weil sie
einerseits am verläßlichsten zu sein schienen und andererseits als die Haupteinflüsse auf das Ergebnis »Auslaufen« angesehen wurden.

Die Beobachtungswerte der einzelnen Einflüsse werden in sogenannten »Stufen«
in die Rechnung eingeführt. Z. B. bezeichnet x_3 die Einflußgröße »Teufe unter
der Tagesoberfläche«. Alle Beobachtungswerte zu x_3 sind in drei Stufen klassi-
fiziert worden, von denen die

> Stufe 1 (x_{31}) die Teufenstufe   bis 600 m unter T. O.
> Stufe 2 (x_{32}) die Teufenstufe   600–800 m unter T. O.
> Stufe 3 (x_{33}) die Teufenstufe über 800 m unter T. O.

umfaßt. Die sinnvolle Einteilung der Stufenbreite muß selbstverständlich aus der
sachlichen Kenntnis der untersuchten Zusammenhänge erfolgen.

So wie im Beispiel quantitative Beobachtungswerte »qualifiziert« werden, können
auch qualitative Angaben in Stufen angegeben werden, wie am Beispiel des Einflusses x_7 »Einflüsse tektonischer Störungen« festzustellen ist.

> Stufe 1 besagt dort: eindeutige Einwirkungen...,
> Stufe 2 besagt dort: keine, nicht bekannte Wirkungen...

Die weitreichende Anwendungsmöglichkeit der Varianzanalyse kommt auch darin
zum Ausdruck, daß sogar ein Einfluß x_n noch in zwei Stufen berücksichtigt
werden kann, dessen

> Stufe 1 »Einfluß ist wahrscheinlich wirksam«, und dessen
> Stufe 2 »Einfluß besteht wahrscheinlich nicht« besagt.

Aus diesen Erläuterungen ergibt sich daher auch: Das Ergebnis der Varianzanalyse *kann* nicht sein, einen durch eine einfache Funktionsgleichung darstell-

baren Zusammenhang aller auf die Zielgröße einwirkenden Einflüsse zu liefern. Vielmehr kann es nur lauten:

Im Zusammenwirken aller Einflüsse auf die Zielgröße beträgt die Stufengröße des Haupteinflusses $x_1 \pm a_1$ bzw. $\pm a_2$, die des Einflusses $x_2 \pm b_1$ bzw. $\pm b_2$, die des Einflusses $x_n \pm k_1$ bis k_n bezogen auf das mittlere Einflußniveau aller dieser Einflußgrößen.

Weiterhin wirken auch die voneinander unabhängigen Stufeneinflüsse innerhalb der Haupteinflüsse aufeinander ein und schaffen die so bezeichneten Wechselwirkungen. Schließlich werden noch als additive Größen Zufallsfehler, die jeder einzelnen Messung der Stichprobe zukommen, ermittelt.

In die Varianzanalyse I wurden zunächst versuchsweise fünf Einflüsse mit verschiedener Stufenzahl eingeführt. In der Varianzanalyse II sind weitere drei Einflüsse untersucht worden. Alle Haupteinflüsse x_1 bis x_8 sind nachstehend aufgeführt:

Einfluß x_1 = Angewendetes Abbauverfahren

In den Voruntersuchungen wurde eine gewisse Abhängigkeit der Häufigkeit des Auslaufens in Streben vom angewendeten Abbauverfahren nachgewiesen. Der Einfluß x_1 ist in zwei Stufen angesetzt worden, um die Anwendungsbereiche der Abbauverfahren in den Einfallsstufungen zu berücksichtigen.

Stufe 1 = Abbauverfahren angewendet vornehmlich beim Einfallen über 70^g und relativ geringem Abbaufortschritt (firstenartiger Verhieb, sägeblattartiger Verhieb und knappweiser Verhieb)

Stufe 2 = Schrägbau mit Einbrüchen bis 70^g Einfallen.

Einfluß x_2 = Teufe der Auslaufstelle

Dem Einfluß der Teufe in Flözen der steilen Lagerung wurde an früherer Stelle untergeordnete Bedeutung zugemessen. Da der Einfluß der lotrechten Teufe aber über die stratigraphische Teufe in einem Zusammenhang mit dem Inkohlungsgrad der Kohle steht und dieser als sehr wichtiger Einfluß erkannt wurde, sollte mit der Varianzanalyse die Einflußstärke geklärt werden. Der Einfluß x_2 wurde in drei Stufen angesetzt.

Stufe 1 = Teufe   bis 600 m unter T. O.
Stufe 2 = Teufe   600–800 m unter T. O.
Stufe 3 = Teufe über 800 m unter T. O.

Einfluß x_3 = Einfallen der Schichten

Stufe 1 = Einfallen 50– 70^g (max. Anwendungsbereich des Schrägbaus
                    mit Einbrüchen)

Stufe 2 = Einfallen 70–100^g

Einfluß x_4 = Flözmächtigkeit

Stufe 1 = Normale, über größere streichende Baulängen gleichbleibende Flözmächtigkeit und bis ± 15% schwankende Mächtigkeiten bis 1,6 m.

Stufe 2 = Normale Mächtigkeiten von über 1,6 m oder verändert größer als
1,6 m auf Grund von Mächtigkeitsschwankungen.

Einfluß x_5 = Aufbau der ersten 50 m Gebirge über Flözhangendem

Da nach der Theorie der pseudoplastischen Trogdecke das Arbeitsvermögen
der hangenden Deckgebirgsschichten beim Durchbiegen unterschiedlich ist,
wurde ein Zusammenhang zwischen der Strukturfestigkeit der Flözkohle und
dem Hangendaufbau der etwa ersten 50 m vermutet. Darum wurde dieser
unterstellte Einfluß »Hangendaufbau« in zwei Stufen gegliedert (vgl. Abb. 11,
S. 79).

Stufe 1 = Am Hangendaufbau bis 50 m über Flözhangendem sind Sandstein (S)
und Sandschiefer (SSch) zusammen mit mehr als 55% beteiligt.

Stufe 2 = Am Hangendaufbau bis 50 m über Flözhangendem ist Tonschiefer
(Sch) mit mehr als 40% beteiligt.

(Die Grenzwerte 55 und 40% wurden gewählt, um alle vorhandenen Stichproben-
werte in den beiden Stufen so unterzubringen, daß die tatsächlichen Schichten-
anteile des Hangendaufbaus möglichst nahe an diesen Werten lagen.)

Einfluß x_7 = Einflüsse tektonischer Störungen

Stufe 1 = Eindeutige Auswirkung geologischer Störungen oder Anomalien in
der Flözausbildung auf den Auslaufvorgang.

Stufe 2 = Keine, nicht ermittelte oder nicht bekannte Störungseinwirkungen.

Einfluß x_9 = Lage des Strebs zu anderen Abbauen im Einwirkungsbereich

Stufe 1 = Abbaukanten oder Kohleninseln im gleichen, im unter- oder überlagernden Flöz, die mutmaßlich eingewirkt haben.

Stufe 2 = Einwirkungen nicht vorhanden, nicht bekannt oder nicht zu vermuten.

Einfluß x_{10} = Über- oder Unterbauungsverhältnisse

Stufe 1 = Vermutete Einwirkung durch Über- oder Unterbauung im bank-
rechten Abstand von 15 bis 65 m auf das betrachtete Flöz.

Stufe 2 = Flöz weder über- noch unterbaut.

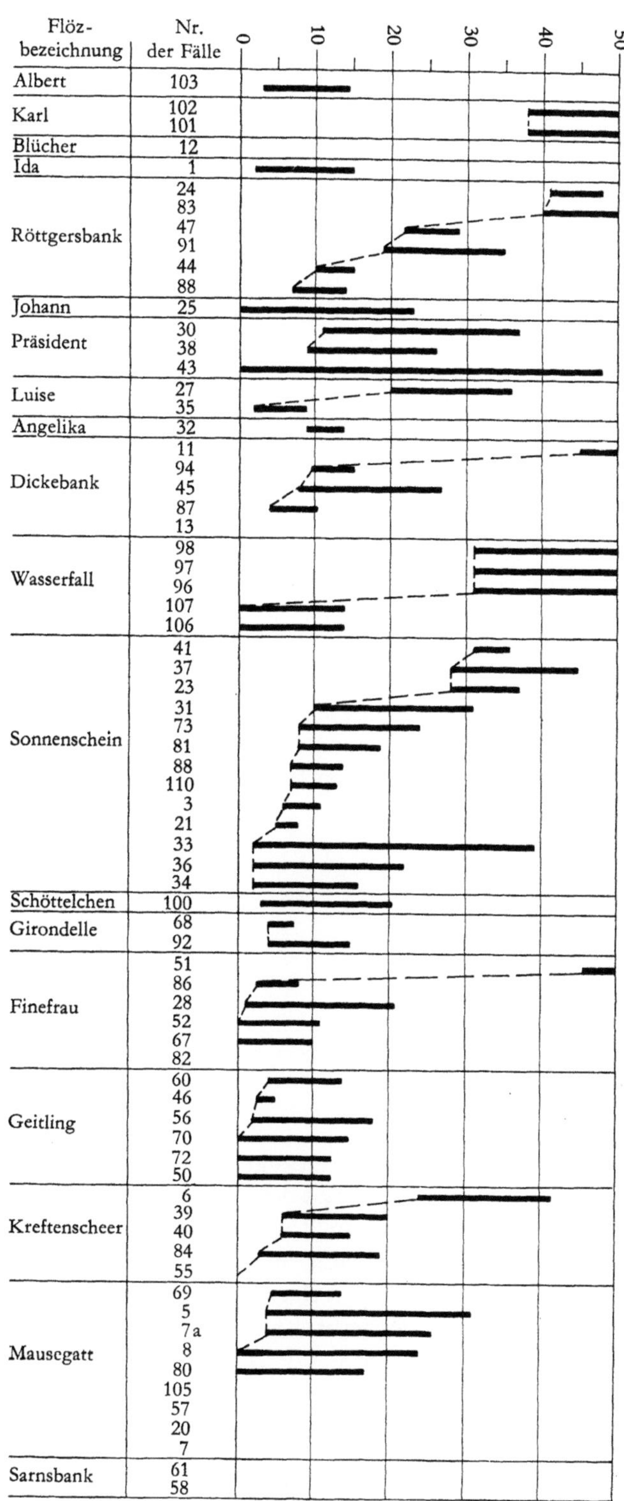

Abb. 11 Mächtigkeit und Höhe der ersten hangenden Sandsteinbank über dem Abbauhangenden der betrachteten Auslaufstellen

6.3.0. Die Zielgröße für den Ansatz der Varianzanalyse

Wie schon in den allgemeinen Ausführungen über das Wesen der Varianzanalyse dargelegt wurde, muß die Zielgröße zwei Anforderungen genügen:

1. Die Zielgröße muß ein Wert sein, auf den sich alle Beobachtungswerte der zu untersuchenden Einflußgrößen beziehen.
2. Die Tatsache des Auslaufens muß sich in der Zielgröße quantitativ ausdrücken lassen.

Im vorliegenden Fall bereitet die Erfüllung dieser beiden Forderungen ganz erhebliche Schwierigkeiten, weil nicht bekannt ist, welchen Wert alle zum Auslaufen von Kohle beitragenden Voraussetzungen und Einflüsse erreichen können. Es muß auch damit gerechnet werden, daß in dieser Arbeit nicht alle Einflüsse erfaßt werden konnten.

Inwieweit z. B. petrographische Ursachen oder der Chemismus bestimmter Flözkohlen, nicht erfaßbare Betriebsgegebenheiten, menschliche Unzulänglichkeiten oder weder feststellbare noch meßbare Ursachen ein vielleicht größeres Gewicht als die berücksichtigten Einflüsse besitzen, kann im Rahmen dieser Arbeit nicht beurteilt werden.

Nunmehr soll nochmals auf die Frage eingegangen werden: In welchem der *verfügbaren* quantitativen Beobachtungswerte kommt die Tatsache des Auslaufens überhaupt meßbar zum Ausdruck? In den Werten

Flözeinfallen,
Flözmächtigkeit,
Teufe,
Deckgebirgsmächtigkeit,
Abbaugeschwindigkeit,
Abstand von Störungen und
flache Bauhöhe der Streben

kann die Zielgröße nicht gesehen werden.

Die Forderung nach einem zahlenmäßig anzugebenden Parameter für die Zielgröße führte dazu, die Einflüsse auf den Ort des Auslaufens zu beziehen, da dieser mit Hilfe der Unfallzeichnungen festgestellt werden konnte. Bei der Wahl dieser Zielgröße war sich der Verfasser bewußt, die ursprüngliche Frage nach dem »Warum« des Auslaufens entscheidend verlagert zu haben. Jedoch ist diese Einengung der Fragestellung noch vertretbar, weil dem Praktiker das »Wo« des Auslaufens wichtiger als das »Warum« ist, und eine andere quantitative Zielgröße unmöglich zu konstruieren war. Als quantitative Zielgröße wurde deshalb der Prozentsatz der flachen Bauhöhe in den durch Auslaufen von Kohle betroffenen Streben gewählt. Dem Strebfuß an der Ladestrecke kommt demnach der Wert 0% zu, dem Strebkopf unterhalb der Kopfstrecke der Wert 100%. Der tiefste Punkt der Auslaufbereiche wird im folgenden als »Ansatzpunkt des Auslaufens« bezeichnet und in seiner Lage in % der flachen Bauhöhe ausgedrückt. Damit erfüllt die Zielgröße im Rahmen der gegebenen Möglichkeiten die geforderten Voraussetzungen.

6.4.0. Ergebnis der durchgeführten Varianzanalysen

6.4.1. Varianzanalyse I

Eingegebene Daten:

Stichprobenumfang $n = 57$
Anzahl der berücksichtigten Einflüsse : 5

    Einfluß x_1 = Angewendetes Abbauverfahren
    Einfluß x_2 = Teufe der Auslaufstelle unter Tagesoberfläche
    Einfluß x_3 = Flözeinfallen
    Einfluß x_4 = Flözmächtigkeit
    Einfluß x_5 = Aufbau der ersten 50 m Gebirge über dem Flözhangenden

Das Ergebnis der Varianzanalyse I ist in den Abb. 12a–d, S. 82–83, graphisch, in sogenannten Säulendarstellungen, wiedergegeben. Auf den Ordinaten der Diagramme erscheint der Wert 57,125%. Dieser ist der Schätzwert, d. h. das mittlere Einflußniveau aller Haupt- und Wechselwirkungen, die auf die Zielgröße eingewirkt haben. Die Größen aller Haupt- und Wechselwirkungen sind bei der Lösung des Schätzwertproblems zu diesem durchschnittlichen Wert berechnet worden. Erst in einem weiteren Rechenschritt wurde die Abweichung der Einzelwerte von diesem mittleren Einflußniveau, also die tatsächliche Streuung, ermittelt.

In den Darstellungen stellen die breiten Säulen die Größen der Streuwerte von den Stufen der Hauptwirkungen dar, also z. B. des Einflusses x_1 in der Stufe 1 (x_{11}), des Einflusses x_1 in der Stufe 2 (x_{12}), des Einflusses x_2 in der Stufe 1 (x_{21}) bis zum Einfluß x_5 in der Stufe 2 (x_{52}). Aus der Größe der Werte, die bis höchstens 8,5% um den Mittelwert von 57,12% schwanken, ist bereits zu ersehen, welchen geringen Einfluß die Einflußgrößen x_1 bis x_5 in ihren verschiedenen Stufen auf den Ort des Auslaufens besitzen. Würde tatsächlich ein starker Funktionalzusammenhang zwischen Zielgröße und den Hauptwirkungen bestehen, so würde sich dies in einem sehr viel höheren mittleren Einflußniveau ausdrücken. Die Stufe 1 des Einflusses x_1 (x_{11}) übt, nach dem Gesagten, einen Einfluß von 57,125% + 1,333% = 58,458% aus, die Stufe 2 des Einflusses x_1 (x_{12}) einen Einfluß von 57,125% — 1,333% = 55,792%. Wie aus der Lage der Säulen hervorgeht, besitzen die Hauptwirkungen der in die beiden Stufen qualifizierten Beobachtungswerte des Einflusses x_1 entgegengesetzte Wirkungen.

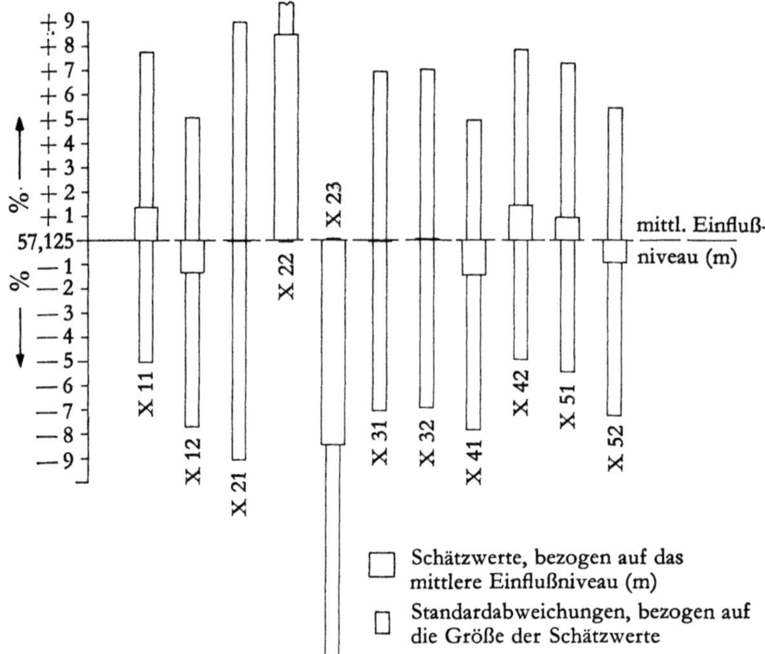

Abb. 12a   Ergebnisse der Varianzanalyse I
Schätzwerte und Standardabweichungen der Hauptwirkungen (X)

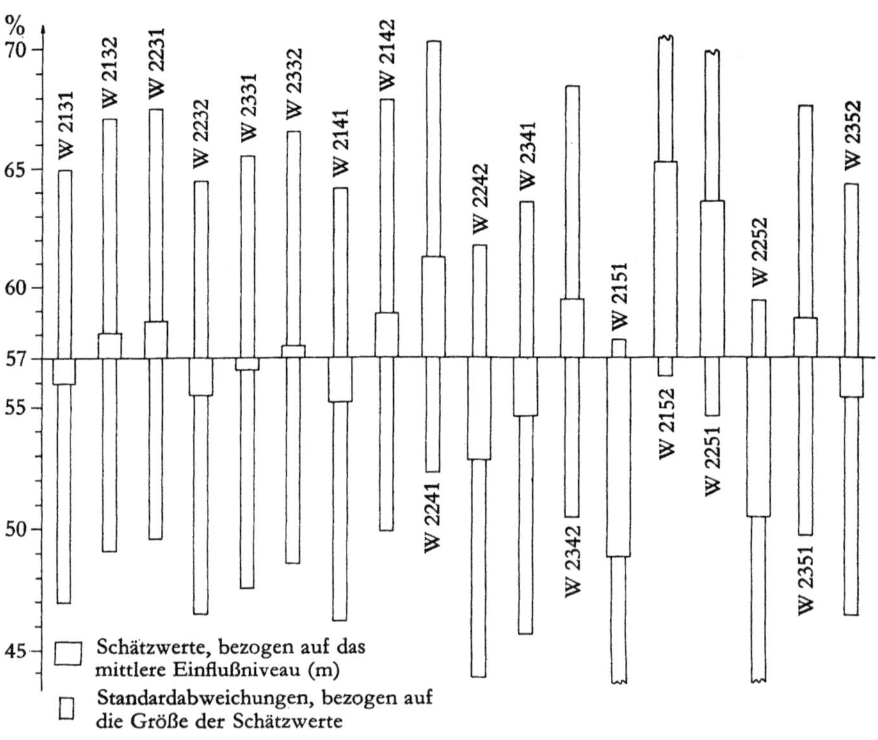

Abb. 12b   Ergebnisse der Varianzanalyse I
Schätzwerte und Standardabweichungen der Wechselwirkungen (W)

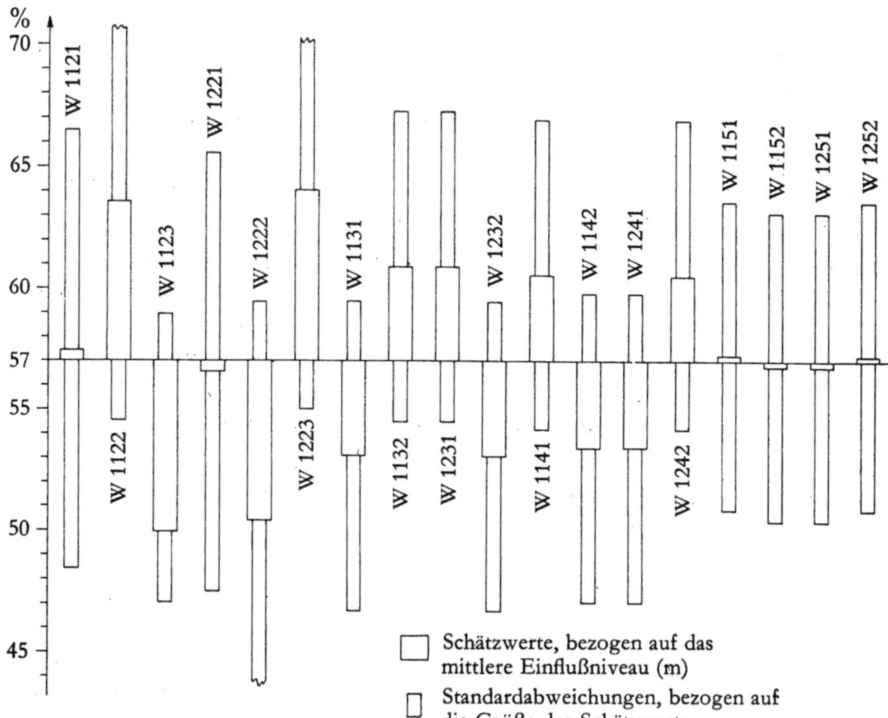

Abb. 12c   Ergebnisse der Varianzanalyse I
Schätzwerte und Standardabweichungen der Wechselwirkungen (W)

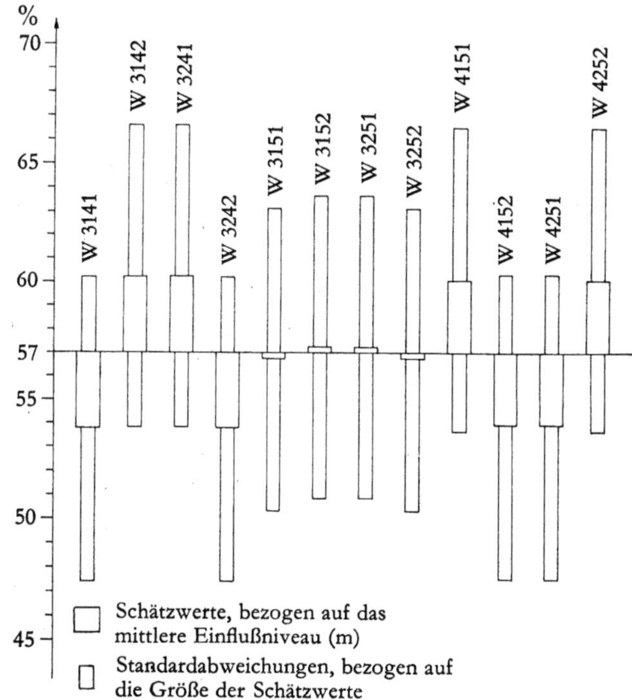

Abb. 12d   Ergebnisse der Varianzanalyse I
Schätzwerte und Standardabweichungen der Wechselwirkungen (W)

In den Abb. 12b–d stellen die breiten Säulen analog die Koeffizienten der Wechselwirkungen dar, d. h. der Einflußkombinationen. Der Wert w_{1121} bedeutet demzufolge: In der Kombination der Wirkung von Stufe 1 des Einflusses x_1 mit der Stufe 1 des Einflusses x_2 beträgt der Gesamteinfluß auf den Ort des Auslaufens 57,125% + 0,479% = 57,604%. In der Reihenfolge der Kombinationsmöglichkeiten sind die Wechselwirkungsglieder von links nach rechts aufgeführt.

Die schmaleren Säulen, deren Nullpunkte stets im Wert der Haupt- bzw. Wechselwirkungsglieder liegen, geben die Größen der Standardfehler an. Dieser Wert gibt an, in welchen Grenzen die ermittelten Einflußstärken der Haupt- und Wechselwirkungen schwanken würden, wenn eine gleichartige Stichprobe von gleichem Umfang unendlich oft einer statistischen Berechnung unterzogen würde. Diese Aussage über die Größe der Standardfehler gilt unter Zugrundelegung einer vereinbarten statistischen Sicherheit, hier 95%. Das bedeutet: Wird der Koeffizient der Hauptwirkung x_{11} in unzähligen Varianzanalysen mit gleichem Stichprobenumfang berechnet, so wird die Standardabweichung mit einer Wahrscheinlichkeit von 95% $\pm$ 6,38% betragen.

Je kleiner demnach die Standardabweichung – bei hoher statistischer Sicherheitsgrenze – ausfällt, um so gesicherter sind die ermittelten Einflußstärken. Die Säulendarstellungen besitzen nun den Vorteil, die Größenverhältnisse der Schätzwerte und ihrer Standardabweichungen sichtbar zu machen. Es fällt auf, daß die Standardabweichungen sämtlich größer als die zugehörigen Schätzwerte selbst sind.

Betrachtet man z. B. den Standardfehler des Einflusses x_{32} (2. Stufe des Einflusses x_3 »Einfallen der Schichten« 70–100^g), so beträgt seine Variationsbreite rd. das 300fache des errechneten Schätzwertes. Mit anderen Worten: Die Streuung des Standardfehlers ist viel zu groß, um eine sinnvolle Aussage über eine wirklich bestehende Stärke des Einflusses x_{32} machen zu können.

Aus den Ergebnissen der Testrechnung, die sich für die Varianzanalyse I in Tab. 12, S. 85, befindet, kommt diese Aussage mit aller Klarheit beim Vergleich der F-Werte mit den theoretischen Testwerten zum Ausdruck. Da in keinem Fall die errechneten F-Werte (F) gleich oder größer als die Tafelwerte (F') – Sollwerte für 95% Wahrscheinlichkeit – sind, ist die Grundgesamtheit der hier verarbeiteten Stichprobe von 57 Fällen nicht normal verteilt. Hiernach ist nur noch folgender Schluß möglich: Wenn, nach dem Verhältnis der Standardabweichungen zu den Schätzwerten zu urteilen, auch auf das Nichtbestehen von Zusammenhängen zwischen der Zielgröße und den betrachteten Einflüssen geschlossen werden könnte, so ist das Bestehen der Einflüsse doch unzweifelhaft. Daher ist ausschließlich der minimale Stichprobenumfang von 57 Fällen für den negativ ausgefallenen F-Test verantwortlich. Entgegen allen Erscheinungen in der Natur soll die verwendete Stichprobe *keine* normale Verteilung besitzen. Da dies jedoch nicht anzunehmen ist, liegt der Beweis für eine zu klein gewählte Stichprobe vor. Die Varianzanalyse I erlaubt aus diesen Gründen keine brauchbare Aussage. Dieses Ergebnis war im wesentlichen schon vor der Rechnung erwartet worden, zumal starke Zweifel an der Eignung des Parameters für die Zielgröße bestanden.

Tab. 12 *Varianzanalyse I*

Bedeutung der Zeichen:

FG: Freiheitsgrad
MQS: Mittlere Quadratsumme
F: F-Test (berechneter F-Wert)
F': Sollwert für F mit 95% Wahrscheinlichkeit
SF: Standardfehler der Schätzwerte (Wurzel)

(Die Zahlenangaben sind in Gleit-Komma-Schreibweise ausgeschrieben. $+0$ bedeutet, daß das Komma wie angegeben steht; $+1$ bedeutet, daß das angegebene Komma um eine Stelle nach rechts zu rücken ist, -2 bedeutet, daß das Komma um 2 Stellen nach links zu rücken ist.)

1. Schätzwerte der Hauptwirkungen
$+.57125 +2$ (m = mittleres Niveau der Einflußstärken)
Werte der Einflußstärken der Einflüsse x_1 bis x_5 in zwei bzw. drei Stufen
$+.13333 +1$ $-.13333 +1$
$-.62500 -1$ $+.84375 +1$ $-.83750 +1$
$+.62500 +0$ $-.62500 +0$
$-.14583 +1$ $+.14583 +1$
$-.91667 +0$ $+.91667 +0$

2. Schätzwerte der Wechselwirkungen
$+.47917 +0$ $+.66042 +1$ $-.70833 +1$ $-.47917 +0$ $-.66042 +1$ $+.70833 +1$
$-.39167 +1$ $+.39167 +1$ $+.39167 +1$ $-.39167 +1$
$+.35833 +1$ $-.35833 +1$ $-.35833 +1$ $+.35833 +1$
$+.20833 +0$ $-.20833 +0$ $-.20833 +0$ $+.20833 +0$
$-.10625 +1$ $+.10625 +1$ $+.15625 +1$ $-.15625 +1$ $+.50000 +0$ $+.50000 +0$
$-.15842 +1$ $+.15842 +1$ $+.42708 +1$ $-.42708 +1$ $-.24167 +1$ $+.24167 +1$
$-.82708 +1$ $+.82708 +1$ $+.66042 +1$ $-.66042 +1$ $+.16667 +1$ $-.16667 +1$
$-.32083 +1$ $+.32083 +1$ $+.32083 +1$ $-.32083 +1$
$-.25000 +0$ $+.25000 +0$ $+.25000 +0$ $-.25000 +0$
$+.30833 +1$ $-.30833 +1$ $-.30833 +1$ $+.30833 +1$

3. Testrechnung
(Nr. 1–5 beziehen sich auf die Hauptwirkungen, die folgenden Nummern auf die Kombinationen von Einfluß 1 mit Einfluß 2 bis Einfluß 4 mit Einfluß 5.)

Nr.		FG	MQS	F	SF	F'	berechneter F-Wert
1		1	$+.85333 +2$	$+.169 +0$	$+.324 +1$	$+4,21$	0,169
2		2	$+.11307 +4$	$+.224 +1$	$+.458 +1$	$+3,35$	2,24
3		1	$+.18750 +2$	$+.327 -1$	$+.324 +1$	$+4,21$	0,0372
4		1	$+.10208 +3$	$+.203 +0$	$+.324 +1$	$+4,21$	0,203
5		1	$+.40333 +2$	$+.801 -1$	$+.324 +1$	$+4,21$	0,0801
1	2	2	$+.75215 +3$	$+.149 +1$	$+.458 +1$	$+3,35$	1,49
1	3	1	$+.73633 +3$	$+.146 +1$	$+.324 +1$	$+4,21$	1,46
1	4	1	$+.61633 +3$	$+.122 +1$	$+.324 +1$	$+4,21$	1,22
1	5	1	$+.20833 +1$	$+.414 -2$	$+.324 +1$	$+4,21$	0,00414
2	3	2	$+.30562 +2$	$+.607 -1$	$+.458 +1$	$+3,35$	0,0607
2	4	2	$+.22015 +3$	$+.437 +0$	$+.458 +1$	$+3,35$	0,437
2	5	2	$+.91840 +3$	$+.182 +1$	$+.458 +1$	$+3,35$	1,82
3	4	1	$+.49408 +3$	$+.981 +0$	$+.324 +1$	$+4,21$	0,981
3	5	1	$+.30000 +1$	$+.596 -2$	$+.324 +1$	$+4,21$	0,00596
4	5	1	$+.45633 +3$	$+.906 +0$	$+.324 +1$	$+4,21$	0,906
Rest		27	$+.50373 +3$				

6.4.2. *Varianzanalyse II*

Bei der Varianzanalyse II sind drei weitere Einflüsse

x_7 = Einflüsse tektonischer Störungen
x_9 = Lage zu anderen Abbauen
x_{10} = Über- und Unterbauungsverhältnisse

und der schon einmal berechnete Einfluß

x_5 = Aufbau der ersten 50 m über dem Flözhangenden

berücksichtigt worden. Mit der Reduzierung auf nur vier Einflüsse ist ein aussage-
kräftigeres Rechenergebnis erwartet worden. Das mittlere Einflußniveau der Einflüsse x_5, x_7, x_9 und x_{10} wurde jedoch nur zu 56% ermittelt, wobei aber die
Streuung der Standardfehler noch erheblich größer als bei der Varianzanalyse I
ist. Beim Vergleich der errechneten F-Werte bestätigte sich ebenfalls, daß die
theoretischen Testwerte nicht im entferntesten erreicht werden. Die Ergebnisse
der Berechnung befinden sich in Abb. 13a und b, sowie 13 c, S. 87, die Ausschrei-
bung der Rechenergebnisse in der Tab. 13, S. 87.

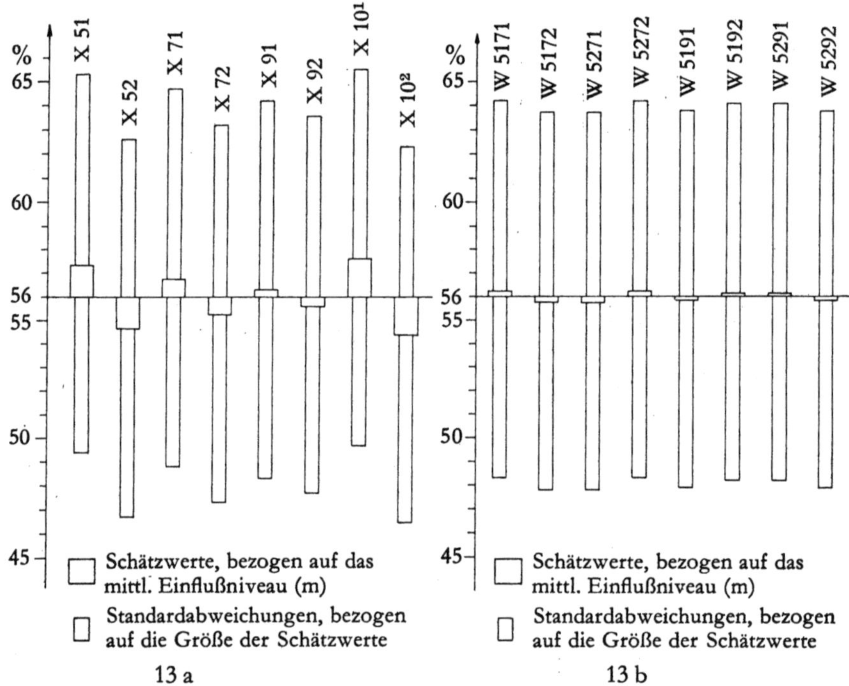

Abb. 13a Ergebnisse der Varianzanalyse II
Schätzwerte und Standardabweichungen der Hauptwirkungen (X)

Abb. 13b Ergebnisse der Varianzanalyse II
Schätzwerte und Standardabweichungen der Wechselwirkungen (W)

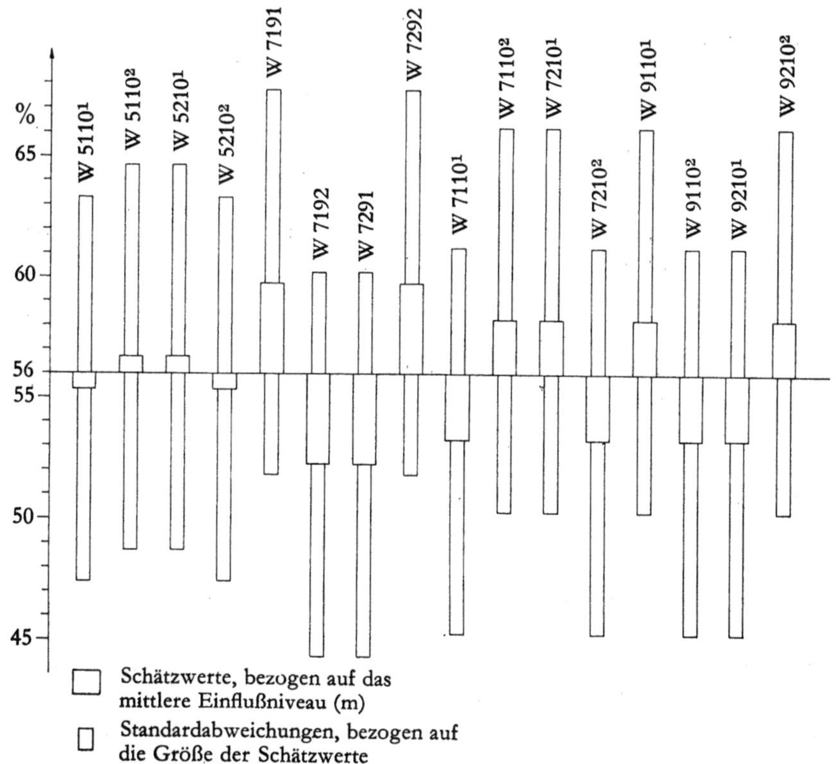

Abb. 13c   Ergebnisse der Varianzanalyse II
Schätzwerte und Standardabweichungen der Wechselwirkungen (W)

Tab. 13   Varianzanalyse II

(Verwendete Zeichen siehe unter Varianzanalyse I)

1. Schätzwerte der Hauptwirkungen
+.56229 + 2
Werte der Einflußstärken der Einflüsse x_5, x_7, x_9 und x_{10}, sämtlich in zwei Stufen.

+.13125 + 1	—.13125 + 1
+.79217 + 0	—.79217 + 0
+.27083 + 0	—.27083 + 0
—.16042 + 1	+.16042 + 1

2. Schätzwerte der Wechselwirkungen

+.22917 + 0	—.22917 + 0	—.22917 + 0	+.22917 + 0
—.14583 + 0	+.14583 + 0	+.14583 + 0	—.14583 + 0
—.68750 + 0	+.68750 + 0	+.68750 + 0	—.68750 + 0
+.37708 + 1	—.37708 + 1	—.37708 + 1	—.37708 + 1
—.22708 + 1	+.22708 + 1	+.22708 + 1	—.22708 + 1
+.22708 + 1	—.22708 + 1	—.22708 + 1	+.22708 + 1

3. Testrechnung
Abfolge der Zeilen analog zu Varianzanalyse I

Nr.		FG	MQS	F	SF	F'	wirkl. Wert von F
1		1	$+.82687+2$	$+.138+0$	$+.353+1$	$+4,085$	0,169
2		1	$+.25521+2$	$+.426-1$	$+.353+1$	$+4,085$	0,0426
3		1	$+.35208+1$	$+.588-2$	$+.353+1$	$+4,085$	0,00588
4		1	$+.12352+3$	$+.206+0$	$+.353+1$	$+4,085$	0,206
1	2	1	$+.25208+1$	$+.421-2$	$+.353+1$	$+4,085$	0,00421
1	3	1	$+.10208+1$	$+.170-2$	$+.353+1$	$+4,085$	0,0017
1	4	1	$+.22687+2$	$+.379-1$	$+.353+1$	$+4,085$	0,0279
2	3	1	$+.68252+3$	$+.114+1$	$+.353+1$	$+4,085$	1,14
2	4	1	$+.24752+3$	$+.413+0$	$+.353+1$	$+4,085$	0,413
3	4	1	$+.24752+3$	$+.413+0$	$+.353+1$	$+4,085$	0,413
Rest		37	$+.59907+3$				

6.5.0. Zusammenfassung des Ergebnisses

1. Mangels eines genügend großen Stichprobenumfanges für die Varianzanalyse konnte mit hinreichender mathematischer Eindeutigkeit keine maßgebliche, von den ausgewählten Einflußgrößen ausgehende Wirkung auf den Ort des Auslaufens von Kohle längs der Strebfront nachgewiesen werden. Es besteht jedoch eine hohe Wahrscheinlichkeit dies zu ermöglichen, wenn wesentlich umfangreichere Untersuchungsergebnisse eine erneute mathematisch-statistische Untersuchung derselben Frage zulassen. Für den Fall einer solchen erneuten Untersuchung mit umfangreicherem Material ist auch zu prüfen, ob sich eine zweckmäßigere Zielgröße auffinden läßt. Die in diesem Fall verwendete Zielgröße wurde notgedrungen mangels einer besseren gewählt. Als geeignetere Zielgröße würde sich ein quantitativer Parameter für die Kohlenfestigkeit in Auslaufbereichen eignen. Andere erfolgversprechende Parameter dürften quantitative Werte für den Feinstkornanteil oder für den Hangenddruck im Auslaufbereich sein.
2. Wenn auch mit dem zur Verfügung stehenden statistischen Material kein strenger Zusammenhang zwischen den benutzten Einflußgrößen und der Zielgröße nachzuweisen war, so dürfen dieselben Beobachtungswerte in dem nachfolgenden Abschnitt, in dem ein gebirgsmechanischer Deutungsversuch unternommen wird, dennoch zum Aufbau einer Hypothese herangezogen werden, denn die Varianzanalyse hat die Beobachtungsergebnisse in keiner Weise entwertet oder gar ihre Beziehungslosigkeit zu Auslaufvorgängen erwiesen.

7.0.0. Die Rolle der Großtektonik im Mechanismus des Auslaufens von Kohle

Um die Frage zu beantworten, unter welchen Voraussetzungen Auslaufen von Kohle überhaupt auftreten kann, ist untersucht worden, an welche großtektonischen Strukturen Bereiche mit auslaufgefährlicher Kohle gebunden sein könnten und tatsächlich gebunden sind.

7.1.0. Großtektonische Voraussetzungen

Der Untersuchung über die regionale Verbreitung dieser Auslaufbereiche lag die »Tektonische Übersichtskarte des Rheinisch-Westfälischen Steinkohlenbezirks«, herausgegeben von der Westfälischen Berggewerkschaftskasse zu Bochum, 1958, im Maßstab 1:50 000 zugrunde[1]. Die Grundrißkarte gibt die Großtektonik in der Darstellungsebene — 500 m NN wieder und wird ergänzt durch 33 Querschnitte – ebenfalls im Maßstab 1:50 000 – die über die gesamte erschlossene Ost-West-Erstreckung des Ruhrkarbons geführt sind. Die Schnittlängen reichen von dem südlich der Ruhr ausgehenden Karbonrand bis in die Bereiche der sogenannten Nordrandzechen. In den Querschnitten ist der Schichtenverlauf bis zur Teufe von — 1200 m NN projiziert, soweit tatsächliche Aufschlüsse nicht bis zu dieser Teufe reichen. Die Erstreckung zwischen dem westlichsten Schnitt 2, der durch das Stadtgebiet von Krefeld führt, und dem östlichsten Schnitt 70, der durch die Felder Radbod und Bramey geht und den Stadtrand von Hamm berührt, beträgt etwa 46 km. Hieraus errechnet sich ein mittlerer Abstand der Schnitte von 1,4 km. In dem eingehender untersuchten Bereich zwischen den Schnittlinien 24 und 66 ergibt sich ein mittlerer Abstand der Schnitte von nur 1,32 km.
Die Untersuchungen stützten sich auch auf die Betriebserfahrungen der angesprochenen Zechen sowie die eigenen Untersuchungsergebnisse. Es lag folgende Arbeitshypothese zugrunde: Das Auslaufen von Kohle kann im wesentlichen nur in Bereichen mit starker tektonischer Beanspruchung des Karbongebirges auftreten. Da es aber kein definiertes Maß für die Intensität tektonischer Beanspruchungen gibt, sollte als »stark beansprucht« gelten:

a) mindestens 50–60^g aufgerichtete Gebirgsschichten

b) insgesamt unruhiger Verlauf der Gebirgsschichten

c) Faltungsbereiche, die durch kleine Biegeradien der Schichten gekennzeichnet sind.

[1] Das aus zwei Großblättern bestehende Kartenwerk kann wegen seiner Größe der Arbeit nicht als Anlage beigefügt werden.

Die Berechtigung zur Anwendung der Arbeitshypothese ergibt sich sehr leicht aus einer Grenzbetrachtung: In Ablagerungsräumen, in denen keinerlei oder nur geringe gebirgsbildende Kräfte nach der Kohlenablagerung wirksam waren, wo also eine flache oder mäßig geneigte Lagerung herrscht, sind weder physikalische noch tektonische Voraussetzungen für einen Auslaufvorgang gegeben. In den Gebieten aber, die intensiven Faltungen in einer oder mehreren Perioden unterworfen waren, sind die Flöze hohen und sehr hohen, sowie vermutlich noch heute andauernden gebirgsbildenden Kräften ausgesetzt gewesen. Damit sind sie gegenüber ihrem ursprünglichen Ablagerungszustand verändert worden, nicht nur physikalisch, sondern möglicherweise auch chemisch. Nach der Hypothese des Verfassers sind derartige Bereiche mit veränderter Flözkohle mitverursachend für die Auslauferscheinung anzusehen.

Das Auftreten von auslaufgefährlicher Kohle ist damit von der bisherigen *alleinigen* Voraussetzung, nämlich der steilen Lagerung, losgelöst.

Folgt man dieser Hypothese, dann ist das Auslaufen von Kohle *nicht* zu erwarten in den Bereichen des Ruhrgebietes, in denen

1. söhlige oder mäßig geneigte Lagerung herrscht,

2. stratigraphisch jüngere als Westfal-A-Kohlen (Gaskohlen, Gasflammkohlen, Flammkohlen) in beliebig steiler Lagerung anstehen, denn in Übereinstimmung mit den bisherigen Untersuchungsergebnissen ist in den genannten stratigraphischen Horizonten echtes Auslaufen von Kohle noch nicht beobachtet worden;

3. Sprockhöveler Schichten (Namur) in steiler Lagerung anstehen. Mag auch hin und wieder noch ein Auslauffall in den wenigen Flözen der Sprockhöveler Schichten, in denen heute kein nennenswerter Abbau mehr umgeht, auftreten, so soll zur Vereinfachung der nachfolgenden Untersuchung dieses Schichtenpaket außer Betracht bleiben.

Mithin ist der Untersuchungsbereich auf großtektonisch stark gefaltete *Bochumer* und *Wittener* Schichten eingeengt. Da es sich bei diesen großtektonischen Strukturen naturgemäß nur um Sattel- oder Muldengebiete handeln kann, ist dort die größte Wahrscheinlichkeit für solches Auslaufen von Kohle gegeben, wo folgende Voraussetzungen am weitesten erfüllt sind:

1. Einfallen der Schichten zwischen 60 und 100ᵍ.

2. Enge, spitze und extrem spitze Auffaltungen von Hauptsätteln und -mulden und ebensolche von Nebensätteln und Nebenmulden.

3. Intensive Kleinfältelung innerhalb großer tektonischer Strukturen.

4. Besonders tief in das Steinkohlengebirge versenkte Mulden bei gleichzeitigem Vorliegen einer oder mehrerer der übrigen Voraussetzungen.

5. Bereiche mit ausgeprägter Störungstektonik.

Der westlich des Schnittes 20 gelegene Teil des Ruhrgebietes konnte bei Anwendung der zuvor angegebenen Gesichtspunkte ganz außer Betracht gelassen werden. Etwa an diesem Schnitt streichen die Bochumer Hauptmulde, der Wattenscheider und der Gelsenkirchener Hauptsattel gegen das Flözleere oder die Tagesoberfläche aus. Im nördlichen Teil des Schnittes herrscht vornehmlich flache und mäßig geneigte Lagerung vor, während im südlichen Teil die Ausläufer der großen Hauptsättel und -mulden nahe der Tagesoberfläche nur noch die tiefsten Magerkohlenschichten bei der Faltung erfaßt haben (vgl. hierzu Abb. 14, S. 93–94).

Die Linie, die den Bereich der starken Faltung des Ruhrkarbons nach Norden abgrenzt, fällt im westlichen und mittleren Teil des Ruhrgebietes mit dem ausschwingenden Nordabfall des Gelsenkirchener Hauptsattels zusammen. Im Osten des Reviers, östlich des Kurler Sprunges, verspringt die Grenze nach Süden und verläuft dann parallel zur Nordflanke des Wattenscheider Sattels. Noch weiter östlich, jenseits des Königsborner Sprunges, weicht die Nordgrenze abermals nach Süden aus und begleitet das Streichen des Nordabfalls vom Stockumer Hauptsattel.

Nördlich der aufgezeigten Grenzlinie, in den Grubenfeldern der Nordrandzechen Westerholt, Scholven, Bergmannsglück, Schlägel & Eisen, Auguste Victoria, Ewald Fortsetzung, Lünen, Werne und Radbod steht dennoch in begrenztem Umfang steile Lagerung an. Da sich diese Zechen aber im Bereich der abklingenden Karbonfaltung befinden, ist ihre Lagerung im Durchschnitt bedeutend ruhiger als südlich der aufgezeigten Grenzlinie. Die östliche Begrenzung des Untersuchungsbereiches fällt mit der Schnittlinie 66 zusammen.

Es ist schwieriger, eine südliche Begrenzungslinie für das Gebiet starker tektonischer Beanspruchungen der Bochumer und Wittener Schichten anzugeben; einerseits wird nämlich die Grenze des ausgehenden Flözführenden gegen das Flözleere im Südwesten des Reviers durch die Bochumer Hauptmulde gebildet, während im Süden wie auch im Südosten und Osten des Ruhrrandes der Esborner Hauptsattel und die Herzkämper Mulde – zum Teil schon jenseits des Karbonrandes verlaufend – die Karbongrenze bilden. Andererseits aber wird die Grenze der zutage ausgehenden Bochumer und Wittener Schichten im südwestlichen Ruhrgebiet durch die nordfallende Flanke des Wattenscheider Hauptsattels gegeben, wogegen am südlichen, südöstlichen und östlichen Ruhrrand dieselben Schichten am Nordabfall des Stockumer Hauptsattels ausgehen. Nur zwischen den Schnitten 58 und 66 erscheinen diese Schichten noch einmal in der südlicher verlaufenden Wittener Hauptmulde.

Demnach sind die zum Auslaufen neigenden Flöze innerhalb der Bochumer und Wittener Schichten etwa zwischen dem Nordabfall des Gelsenkirchener Sattels und dem Nordabfall des Stockumer Sattels den stärksten Faltungskräften ausgesetzt gewesen. Innerhalb dieses Bereiches kann Auslaufen überall dort erwartet werden, wo die vorhin aufgezeigten tektonischen Voraussetzungen weitestgehend erfüllt sind.

Der *Stockumer Sattel* ist unter den sechs Hauptsätteln des Ruhrgebietes der weitaus steilste. Er zeichnet sich außerdem durch intensiv gestörte kleine Sonderfalten an seinem Nordabfall aus. Von Westen nach Osten bleibt der nördliche Steilabfall zwar erhalten und bestimmt auch das Bild der ausschließlich steilen Lagerung im nördlich vorgelagerten Raum, besonders aber im Westen des Reviers verwirrt die vorgelagerte Bochumer Hauptmulde das Faltungsbild wesentlich.

Die *Bochumer Hauptmulde* streicht im Gebiet Essen-Werden und Essen-Kupferdreh zutage aus und besitzt hier eine Gesamtbreite von etwa 7 km. In diesem Gebiet ist die Hauptmulde von neun kleineren und größeren Nebenfalten durchzogen, die bis in die Ränder reichen. Hierdurch wird es schwer, festzulegen, welche Faltenzüge dem Südrand der Bochumer Mulde bzw. dem Nordabfall des Stockumer Sattels zuzuordnen sind. Während das Grenzflöz Sonnenschein im Schnitt 26 schon recht spitz bei kaum —500 m NN muldet, gelangt der Kern der Mulde weiter nach Osten in immer größere Teufen. In Schnitt 34 ist der Muldenkern im Grubenfeld Friedlicher Nachbar bereits auf —1000 m NN abgesunken, im benachbarten Feld Prinz Regent (Schnitt 36) sogar auf — 1800 m NN. Eine gleiche Teufe erreicht das Muldentiefste in Feld Dannenbaum (Schnitt 38). Zugleich ist hier das Tiefste der Bochumer Hauptmulde, welches extrem spitz gefaltet ist (die Flanken stehen auf 100^g), in zwei weitere Nebenmulden, nämlich die nördliche und südliche Mulde von Friedlicher Nachbar, aufgespalten. Die Faltungskräfte haben die Gebirgsschichten hier auf engstem Raum zusammengedrängt, wodurch die steilflügeligen Karbonmulden ihre größten Tiefen erreichen. Nach Osten hebt sich der Kern der Bochumer Mulde wieder langsam, wobei die extrem spitze Ausbildung der Faltung östlich der ehemaligen Gruben der Bochumer Bergbau AG ausgeglichener wird. Die im westlichen Essener Raum anfangs zahlreichen kleineren Nebenfalten gehen nach Osten zu – wieder im Bereich der Bochumer Zechen – in wenige, aber größere und tieferreichende Falten über. Hierzu gehören die ausgeprägt spitze Generaler Mulde, die südliche Harpener Mulde und die Bochumer Mulde. Letztere geht schließlich im westlichen und südlichen Dortmunder Raum in einen weitgeschwungenen, flachen Trog über. Ganz im Osten des Reviers, in den Feldern Monopol und Werne (Schnitte 64 und 66), ist die Mulde völlig in diese Trogform übergegangen. Ihre Flügel wölben sich wenig gestört aber sehr steil zu den Sattellinien des Wattenscheider und des Stockumer Sattels auf. Während also hier im Osten keine besonders ausgeprägten tektonischen Formen vorliegen, die auf intensive Beanspruchung von Gebirge und Flözen während der Auffaltung schließen lassen, müssen alle Grubenfelder des südlichen Essener Raumes, des gesamten Bochumer Raumes und des westlichen und südlichen Dortmunder Raumes als tektonisch äußerst stark beanspruchte Gebiete gelten und damit Voraussetzungen für das Auslaufen von Kohle bieten.

Mit der nördlichen Flanke der Bochumer Hauptmulde geht die Ruhrgebietsfaltung in das nächst nördlichere Faltungselement, den *Wattenscheider Hauptsattel*, über. Von Westen nach Osten gesehen besitzt er folgende Gestalt: Im südwestlichen Stadtgebiet von Essen, nördlich des Grubenfeldes Langenbrahm, streicht der Sattel aus dem Flözführenden zutage aus. Dies ist in Schnitt 26 zu erkennen. Der Sattel ist hier durch glatte Flanken gekennzeichnet, jedoch derart herausgehoben, daß das unterste Namur-Flöz fast an der Tagesoberfläche sattelt. Der nördliche Abfall zur Essener Mulde ist, wenn auch steil, so doch ungestört und liefert daher keine Voraussetzungen für das Auslaufen von Kohle. Auch die Südseite des Sattels, auf dem sich das Feld Langenbrahm befindet, läßt dort auslaufgefährliche

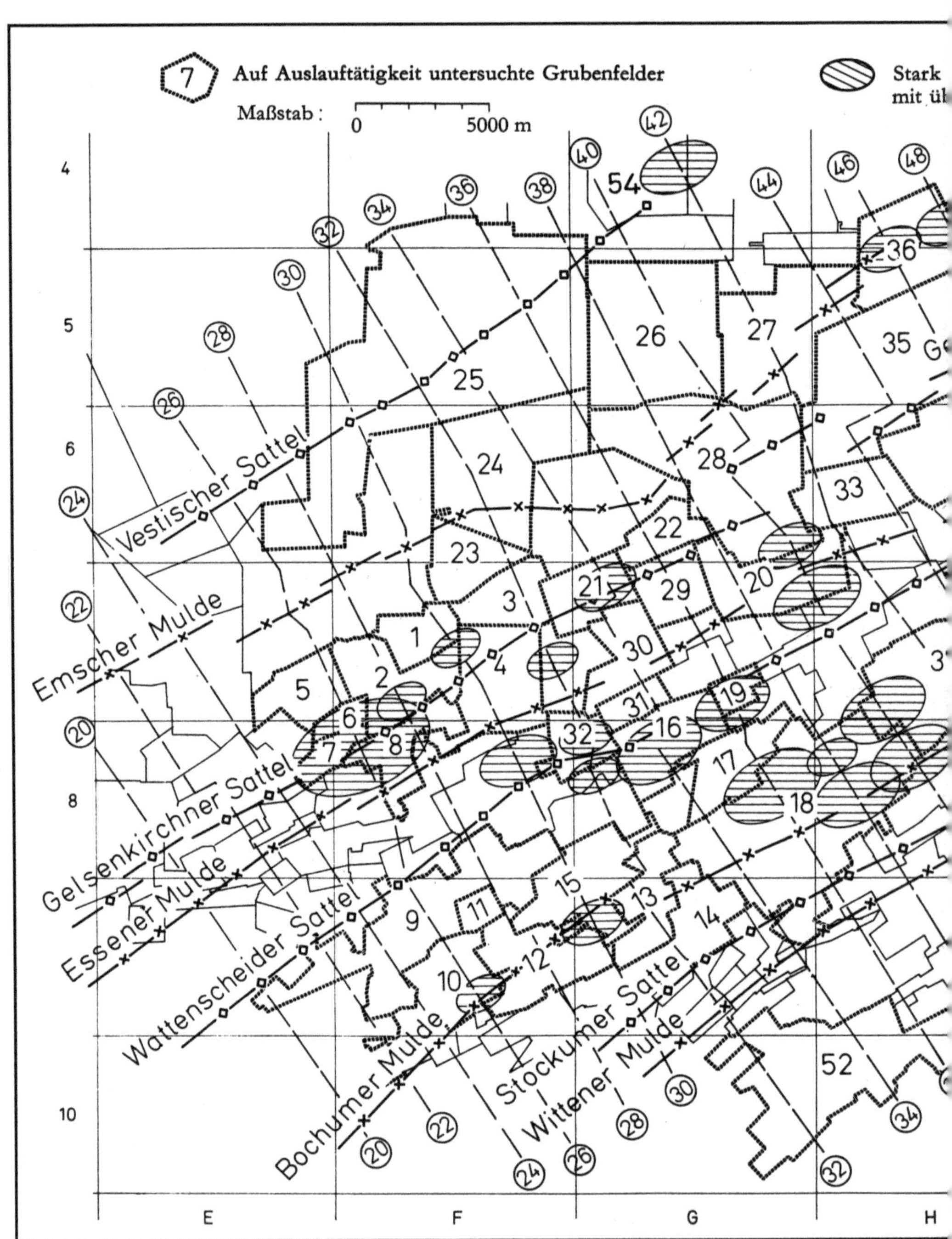

Abb. 14 Regionaler Untersuchungsbereich des Verfassers (nach einem verkleinerten Ausschnitt

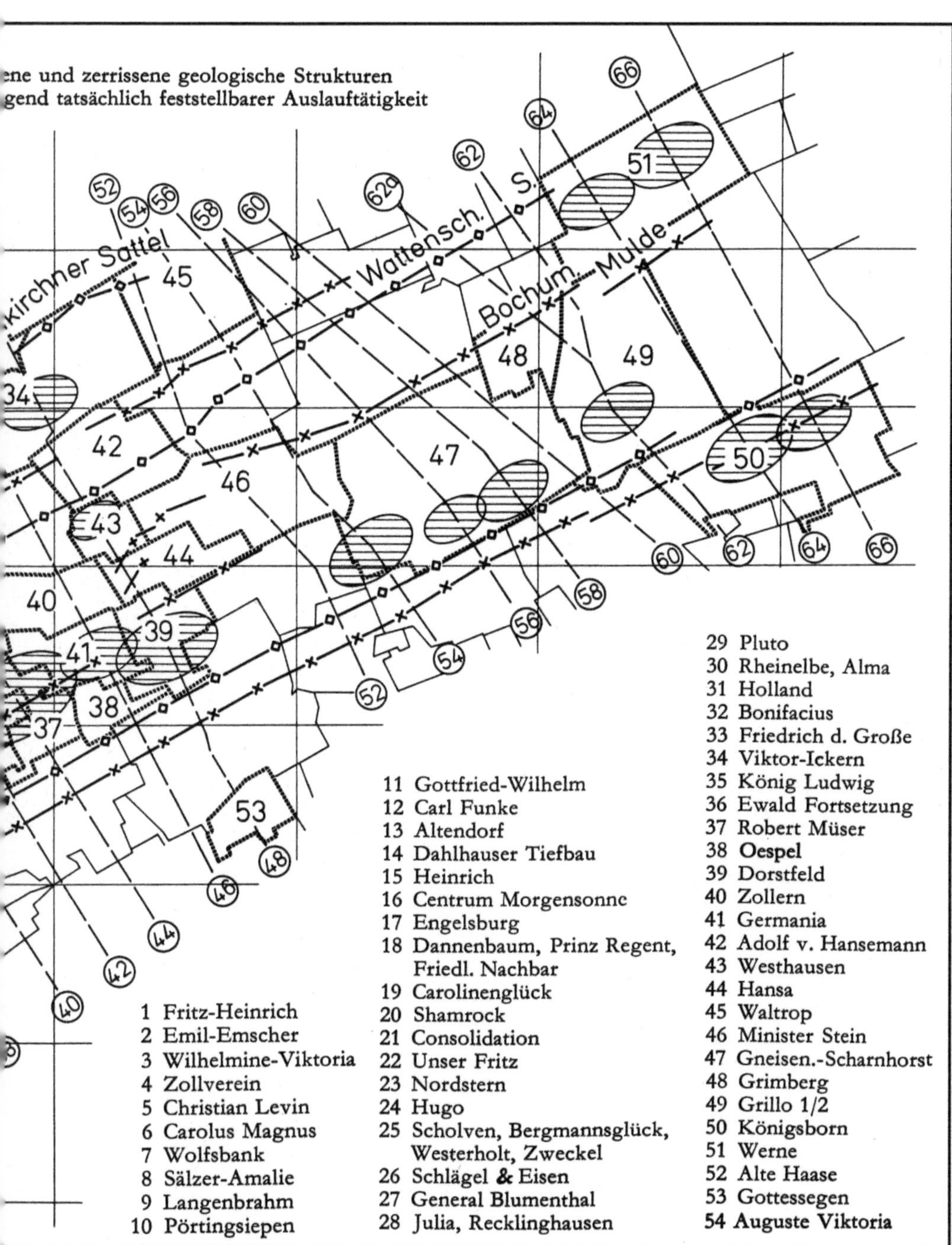

11 Gottfried-Wilhelm
12 Carl Funke
13 Altendorf
14 Dahlhauser Tiefbau
15 Heinrich
16 Centrum Morgensonne
17 Engelsburg
18 Dannenbaum, Prinz Regent,
   Friedl. Nachbar
19 Carolinenglück
20 Shamrock
21 Consolidation
22 Unser Fritz
23 Nordstern
24 Hugo
25 Scholven, Bergmannsglück,
   Westerholt, Zweckel
26 Schlägel & Eisen
27 General Blumenthal
28 Julia, Recklinghausen

29 Pluto
30 Rheinelbe, Alma
31 Holland
32 Bonifacius
33 Friedrich d. Große
34 Viktor-Ickern
35 König Ludwig
36 Ewald Fortsetzung
37 Robert Müser
38 Oespel
39 Dorstfeld
40 Zollern
41 Germania
42 Adolf v. Hansemann
43 Westhausen
44 Hansa
45 Waltrop
46 Minister Stein
47 Gneisen.-Scharnhorst
48 Grimberg
49 Grillo 1/2
50 Königsborn
51 Werne
52 Alte Haase
53 Gottessegen
54 Auguste Viktoria

1 Fritz-Heinrich
2 Emil-Emscher
3 Wilhelmine-Viktoria
4 Zollverein
5 Christian Levin
6 Carolus Magnus
7 Wolfsbank
8 Sälzer-Amalie
9 Langenbrahm
10 Pörtingsiepen

er Felderkarte des Niederrheinisch-Westfälischen Steinkohlenbezirks)

Flöze nicht weiter erwarten. Obwohl der Wattenscheider Sattel im weiteren Verlauf nach Osten auch stark dorthin einfällt, sind im benachbarten Schnitt 28 noch keine besonderen tektonischen Ausbildungen zu finden. Im Schnitt 30 jedoch, in den Feldern Königin Elisabeth und Johann Deimelsberg, sind durch den breiter gewordenen Hauptsattel und die in das Sattelhöchste eingefalteten Nebenfalten die Flöze der Bochumer Schichten besonders stark zusammengepreßt und steil aufgerichtet. Ohne Zweifel müssen auf Grund der intensiven Verfaltung hier Voraussetzungen zum Auslaufen von Kohle vorliegen. Diese sind aber nur von lokaler Bedeutung, denn schon im östlich angrenzenden Feld Bonifacius sind wieder normale Flözabstände vorhanden.

Im bisher betrachteten Verlauf des Wattenscheider Sattels streichen nur Wittener und Sprockhöveler Schichten zutage aus. Von Schnitt 32 nach Osten geraten die ins Höchste des Sattels eingefalteten Bochumer Schichten (Westfelder Mulde) in zunehmende Teufe. In Schnitt 34 (Fröhliche Morgensonne) muldet das Grenzflöz Sonnenschein schon bei —1000 m NN in eine sehr spitze Falte und gerät in den Feldern Carolinenglück und Ver. Präsident sogar bis unter —1500 m NN. Daß in den drei genannten Grubenfeldern wiederum Voraussetzungen für das Auslaufen von Kohle bestehen, wird aus der Enge und der Tiefe der Faltung geschlossen.

Im östlichen Teil des Reviers bleibt der Südabfall des Hauptsattels gleichbleibend steil; seine beiden Flanken sind verhältnismäßig ungestört. Lediglich an den Verschiebungsflächen längs des Sutans könnte Auslaufen von Flözen erwartet werden.

Im Norden des Wattenscheider Sattels verläuft die *Essener Hauptmulde*, die ebenfalls erst östlich von Schnitt 20 Interesse verdient. In diesem Schnitt treten Bochumer Schichten noch gar nicht auf. Sie finden sich erst mit dem Einfallen der Muldenachse nach Nordosten in den östlicheren Schnitten. In den in Schnitt 20 liegenden Grubenfeldern Ver. Wiesche und Rosenblumendelle wird die Essener Mulde zwar von einer Anzahl Nebenmulden durchzogen, auch durchzieht der Gelsenkirchener Wechsel die Felder und macht die Lagerung unruhig, aber das halbsteile Schichteinfallen reicht nicht aus, Auslaufen von Kohle erwarten zu lassen. Es wurde schon bei der Besprechung des Wattenscheider Hauptsattels darauf hingewiesen wie im Schnitt 30, der durch das Grubenfeld Königin Elisabeth führt, die Fettkohlenflöze stark zusammengepreßt anstehen und tektonische Tätigkeit auf die Zermürbung einiger Flöze schließen läßt. Im weiteren Verlauf nach Osten verbreitert und verflacht sich die Essener Mulde bis zum Schnitt 36. Zwischen den Schnitten 38 und 48 findet plötzlich eine enorme Stauchung der Mulde statt, in deren Bereich die Schachtanlagen Hannibal, Shamrock, Constantin der Große, Mont Cenis, Erin und z. T. Victor Ickern bauen. Dabei liegen im Feld Shamrock vergleichbare Verhältnisse wie im Feld Friedlicher Nachbar vor, weil die Hauptmulde mit nahezu 100^g einfallenden Schichten sowohl völlig zusammengedrückt ist als auch mindestens drei ausgeprägte Quetschfalten im Kern besitzt. Es liegt hier eine außergewöhnlich starke tektonische Beanspruchung vor, die vermutlich auch weitgehend verantwortlich für die verhältnismäßig oft auftretenden Gebirgsschläge ist. Nach tektonischen

Gesichtspunkten zu urteilen müßte in diesem Grubenfeld eine sehr starke Auslaufgefahr bestehen. Von Schnitt 52 an beruhigt sich die Lagerung sehr schnell, so daß
im Osten des Reviers wieder ähnliche Verhältnisse wie in der jenseits des Wattenscheider Sattels liegenden, flach ausgebildeten Bochumer Mulde gegeben sind.
Die Großtektonik gibt dort keinen Anlaß zum Auslaufen der Kohle.
Als letztes Faltungselement sei der *Gelsenkirchener Hauptsattel* genannt. Mit seinem
auslaufenden Nordabfall wird in großen Zügen die nördliche Begrenzung des
tektonisch stark beanspruchten Teiles des Ruhrgebietes gegeben.
Im Westen des Stadtgebietes von Essen treten im Schnitt 24, Grubenfeld Kron-
prinz, Bochumer Schichten unmittelbar unter dem geringmächtigen Deckgebirge
auf. Im östlich benachbarten Schnitt 26 muldet das Grenzflöz Sonnenschein in
einer sehr spitz ausgebildeten Nebenfalte, der Sellerbecker Mulde, im Felde
Wolfsbank bereits bei —1200 m NN. Auf Grund dieses plötzlichen Abfalls der
Schichten in große Teufen und ihrer steilen Aufrichtung darf hier wiederum Auslaufen von Kohle vermutet werden. In geringerem Maße gilt dies auch noch für die
östlich markscheidende Schachtanlage Emil Emscher und die Schachtanlage Wil-
helmine Victoria, soweit sie beide auf dem steilen Nordabfall des Gelsenkirchener
Sattels bauen. Im weiteren Verlauf nach Osten stört zwar der Gelsenkirchener
Wechsel den Sattel zeitweise erheblich, jedoch verflacht er zunehmend. Mit Ausnahme des Feldes Recklinghausen, wo noch einmal sehr steile Lagerung auftritt
und Auslaufen von Kohle zu erwarten ist, sind in allen anderen auf dem Sattel
bauenden Schachtanlagen keine tektonisch bedingten Voraussetzungen für das
Auslaufen von Kohle mehr gegeben.

7.1.1. *Untersuchungsergebnisse*

Die Abb. 14, S. 93–94, die eine vereinfachte und verkleinerte Darstellung der »Tektonischen Übersichtskarte« darstellt, enthält auf den Profillinien, durch Einkreisen
schematisch dargestellt, die Bereiche, welche wegen ihrer großtektonischen Verhältnisse als stark beansprucht gekennzeichnet wurden. Gleichzeitig sind in ihr die
Bereiche verzeichnet worden, in denen *tatsächlich* Auslaufen von Kohle festgestellt
worden ist.
Nach dieser Abbildung liegt der Schwerpunkt der Auslauftätigkeit bei den in der
Bochumer Mulde bauenden Schachtanlagen, auf die etwa 50% aller bekannt gewordenen Auslauffälle entfallen.
Etwas weniger häufig – aber ebenso typisch – ist auftretendes Auslaufen bei den
auf dem Wattenscheider Hauptsattel bauenden Schachtanlagen nachzuweisen.
Auch bei den in der Essener Mulde und auf dem Gelsenkirchener Hauptsattel
bauenden Schachtanlagen besteht kein Widerspruch zwischen tatsächlicher und
auf Grund der Tektonik zu erwartender Auslauftätigkeit.
Einige wenige Auslauffälle, die sich bei zwei auf dem Vestischen Hauptsattel
bauenden Schachtanlagen und einer in der Emscher Mulde fördernden Zeche
ereignet haben, fallen allerdings aus dem Rahmen. Da aber auf diesen Zechen das
Auslaufen von Kohle weder als typische noch als häufige Erscheinung angesehen

wird, gelten dafür nicht grundsätzlich großtektonische Ursachen, sondern vermutlich örtliche Besonderheiten in der Flözausbildung.

Wenn nun die in der Abb. 14, S. 93–94, festgestellten Auslaufbereiche innerhalb eines Grubenfeldes auf der dieses Feld schneidenden Schnittlinie dargestellt wurden, so soll das nicht bedeuten, die Auslauffälle hätten sich streng im Bereich dieser Schnittlinie ereignet. Diese symbolische Darstellungsart mußte gewählt werden, weil wegen des kleinen Maßstabes der Übersichtskarte eine genaue lagemäßige Angabe der Auslaufstelle keinen erheblichen Aussagewert in einer großräumigen Betrachtung gehabt hätte.

Zum anderen darf dieser Darstellung auch nicht entnommen werden, etwa sämtliche den Bochumer- und Wittener Schichten angehörigen Flöze würden in den beschriebenen Bereichen eine gleich starke Neigung zum Auslaufen aufweisen. Weder ist eine solche Beobachtung auf irgendeiner Schachtanlage gemacht worden noch konnte ein solcher Nachweis aus den Unterlagen der Unfallstatistik erbracht werden. Vielmehr sind es praktisch bei allen Zechen immer nur wenige oder gar ein einzelnes Flöz, das eine stärkere Tendenz zum Auslaufen zeigt.

Die Ermittlung der regionalen Verbreitung auslaufgefährlicher Flöze, die auf Grund einer sehr groben Übereinstimmung zwischen großtektonischen Gegebenheiten und tatsächlich in diesen Bereichen beobachtetem Auslaufen bestätigt ist, stützt die Arbeitshypothese.

7.2.0. Auswirkungen der Kleintektonik

7.2.1. *Auslaufgefährliche Bergestreifen*

In mehreren Teilen des Ruhrgebietes gibt es Flöze, die beim ersten Abbauversuch eine sehr große Auslaufgefährlichkeit gezeigt haben und deswegen nicht ohne weiteres abgebaut werden konnten. Erst nach Anwendung besonderer Maßnahmen wurde der Abbau ohne jede Auslaufgefahr planmäßig durchführbar.

So liegen, um nur eins von zahlreichen anderen Beispielen zu erwähnen, im Essener Raum zwei Schachtanlagen, von denen eine im Flöz Wasserfall baut, die andere im Flöz Mausegatt. Beide Flöze besaßen die Eigenschaft sofort auszulaufen, sobald sie an irgendeiner Stelle verritzt wurden. Dabei spielte es keine Rolle, ob ein Aufhauen in dem Flöz hergestellt oder ein Streb verhauen wurde. Auf beiden Zechen war, nach der Großtektonik zu urteilen, keine Neigung zum Auslaufen der Kohle zu erwarten, insbesondere deshalb nicht, weil der Abbau auf weitgehend ungestörten Flanken großer Sättel umgeht.

Jahrelange Betriebserfahrungen zeigten dann, wie durch Maßnahmen der Abbauführung das Auslaufen verhindert werden kann. In einem der Fälle wurde durch Unterbauung des Flözes Wasserfall mit dem nahegelegenen Flöz Sonnenschein, in dem anderen Fall durch Überbauung des Flözes Mausegatt mit dem ebenso nahegelegenen Flöz Kreftenscheer eine vollständige Entspannung der Kohle erreicht. Der zuvor unmögliche Abbau in den beiden Flözen ist auf diese Weise gut durchführbar, das Auslaufen von Kohle kommt nicht mehr vor.

Es könnte nun zu Recht folgender Einwand geltend gemacht werden: Wenn in einem bestimmten Flöz eine extreme Auslaufneigung besteht, ein benachbartes Flöz aber ausreichend fest ist, um ohne jede Gefahr des Auslaufens als Entspannungsflöz vorher abgebaut werden zu können, dann ist das Bestehen eines Einflusses der Großtektonik auf die Auslaufneigung fraglich. Liegen nämlich eng benachbarte Flöze gleicher stratigraphischer Lage vor, dann darf eine gleich starke tektonische Beanspruchung beider Flöze vorausgesetzt werden. Infolgedessen müßte in beiden Flözen ein gleicher Grad von Zermürbung der Kohle bestehen. Hiergegen kann eingewendet werden: Die betrachteten Flöze der unteren Bochumer Schichten einerseits, und die der Wittener Schichten andererseits, sind zwar hinsichtlich ihres Gehaltes an flüchtigen Bestandteilen, ihrer stratigraphischen Lage und ihres technologischen Verhaltens als gleichartig anzusprechen, sie können jedoch in ihrem Abbauverhalten und in ihrem Aufbau sehr unterschiedlich sein. Wie früher schon ausgeführt wurde, sind für die Auslaufneigung von Flözen auch der Flözaufbau, die Mächtigkeit und Flözverunreinigungen mitverantwortlich. Insbesondere diese Verunreinigungen, nämlich Bergebänke und sogenannte »Packen«, sind, wie die Kohle, unabhängig von ihrer Art und Mächtigkeit, den gleichen Faltungskräften ausgesetzt gewesen und infolgedessen gegenüber dem ursprünglichen Ablagerungszustand ebenfalls verändert worden. Sie können eine starke Zermürbung ihrer Struktur erfahren haben und sogar – wie die Kohle selbst – zum Auslaufen neigen. In zwei benachbarten Flözen ist deswegen eine völlig unterschiedliche Festigkeit möglich.

An einem Beispiel soll aufgezeigt werden, wie gewisse Bergestreifen in einem Flöz das Auslaufen der Kohle verursachen können.

Auf einer Schachtanlage im Wattenscheider Raum hat das Hangende des Flözes Albert folgenden Aufbau: 50 cm über dem Flöz befindet sich ein Kohlestreifen von 10 mm. Darunter schließt sich ein 50 cm mächtiger Nachfallpacken von Schieferton an. Das Flözhangende selbst ist glatt und glänzend. Das Flöz ist im oberen Viertel von einem ganz dünnen Bergestreifen durchzogen, ansonsten ist die Kohle rein und aus zentimeterdicken abwechselnden Streifen von Glanz- und Mattkohle aufgebaut. Die Kohlenbank wird zum Liegenden durch einen sehr mürben, leicht zerreibbaren und zum Teil zu Staub zerfallenden Bergestreifen von etwa 5 cm Mächtigkeit abgegrenzt. Unter dem Streifen befindet sich weiterhin eine Brandschieferschicht, die von der Zeche als die Ursache der Auslaufneigung angesprochen wird. Der Brandschieferpacken soll in seiner Mächtigkeit zwischen 1 cm und 1 Fuß wechseln. Alsdann folgt ein Streifen leicht zerreibbarer Berge und dann eine Bank mehr oder weniger ruscheliger Kohle, zum Teil stark Verwachsenes, zum Teil mit eindeutigen Bergestreifen. Als Begrenzung zum Flözliegenden ist ein Bergemittel anzusehen, dessen Stärke von 1 bis 7 cm wechselt. Das glatte Liegende besteht aus Schiefer.

Der in seiner Mächtigkeit wechselnde Brandschiefer ist schuppig ausgebildet. Bei vorsichtigem Kratzen am anstehenden Stoß oder beim Zerreiben eines Stückes zwischen den Fingern zerfällt der Packen sofort in kleine, wie Silberfischchen aussehende Schüppchen. Sie sind etwa fingernagelgroß und besitzen eine hochglänzende, polierte Oberfläche. An dem unter Abbaudruck stehenden Kohlenstoß kann man deutlich beobachten, wie der Zerfall dieses Packens vor sich geht. Die Schüppchen schieben auf ihren Oberflächen schräg zum Versatzstoß ab, so daß die Masse des gesamten Packens in Bewegung gerät und in mehreren aufeinanderfolgenden zeitlichen Phasen eine immer schneller werdende Fließbewegung des gesamten Packens eingeleitet wird. Damit der Brandschieferpacken nicht in Bewegung gerät, wird der Kohlenstoß völlig dicht mit Brettern verzogen. Nach Aussage der Betriebsbeamten ist der beschriebene Bergepacken so lange ungefährlich, als er eine Mächtigkeit von weniger als 10 cm besitzt. Erst bei größerer Mächtigkeit kann sich der Abbaudruck auswirken, die schuppigen Elemente aufeinander abschieben und das Auslaufen des Packens in Gang setzen. Da jedoch beide, das Flöz und der Packen dazu neigen, dauernd ihre Mächtigkeit zu verändern, besteht damit die ständige Gefahr des Auslaufens, indem sich nach vorausgegangenem Auslaufen des Packens die hangende Kohle absetzt, dabei feinkörnig zerfällt und selbst ausläuft.

Die beschriebenen Bergestreifen befinden sich, was eindeutig festzustellen ist, nicht in ihrem ursprünglichen Ablagerungszustand. Die gleichmäßige Struktur der Schuppenelemente und deren polierte Oberflächen sind klare Beweise für die während der Faltungsperiode stattgefundenen intensiven Beanspruchungen von Flöz und Nebengestein.

7.2.2. »Kohlenester«

Wie ein Bergehorizont in dem soeben beschriebenen Flöz auf Grund von geologischen Bewegungsvorgängen restlos zerfällt, so kann auch das ehemals massige Gefüge einer Flözkohle durch dieselben Kräfte stark zerstört werden. Die Zerstörung ist häufig um so ausgeprägter, je mehr spröder Fusit am Flözaufbau beteiligt ist. Wie weit im Grenzfall die Zertrümmerung der Kohle gehen kann, beweisen auf einer Zeche des Essener Raumes gelegentlich zu beobachtende Feinkohlen-»Nester« mit ausgesprochener Staubkohle. Wenn auch solche Beobachtungen im Ruhrgebiet nicht gerade häufig sind, ist damit nicht widerlegt, ob nicht doch im Kern ausgedehnter Auslaufbereiche manchmal, oft oder gar immer derartige Nester eingelagert sind. Entsprechende Feststellungen sind praktisch nicht möglich, weil das Auslaufen vom Abbauraum aus – wegen der Staubentwicklung – nicht zu beobachten ist. Zwar ist häufig vom »Ertrinken« von Kohlenhauern in Staubkohle die Rede, aber daraus kann auch nicht geschlossen werden, ob tatsächlich ein vorhandenes Feinkohlennest ausgelaufen ist, oder ob Feinkohle erst während des Auslaufens restlos zu Staub zermahlen wurde. Zumindest kann aber aus der Existenz angeblich beobachteter Feinstkohlennester ein wichtiger Schluß gezogen werden:
Wenn ein ohnehin auslaufgefährliches Flöz in einem begrenzten Bereich unter gleichen gebirgsmechanischen Beanspruchungen trotzdem beim Abbau ungleiche Festigkeit bzw. eine stark unterschiedliche Struktur aufweist, dann muß in der großflächigen Erstreckung des Flözes ein gewichtiger und aufschlußreicher Unterschied im petrographischen Aufbau zu suchen sein. Im Rahmen der vorliegenden

Arbeit konnten hierüber allerdings keine Untersuchungen angestellt werden. Für die weitere Untersuchung der Auslaufursachen scheinen umfangreiche, großräumige und vergleichende Strukturanalysen sowie petrographische Spezialuntersuchungen auf breitester Basis unerläßlich zu sein.

7.2.3. Faserkohlenschichten

Eine dritte Beobachtung bestärkt die These,
1. in der Großtektonik,
2. der Kleintektonik und
3. im Aufbau

gewisser Flöze den Schlüssel für die Entstehung der Auslaufgefährlichkeit zu sehen. In den Flözen Mausegatt, Kreftenscheer, Finefrau und Geitling wird häufig nahe beim Hangenden oder Liegenden ein dünner Streifen völlig zerriebener Faserkohle gefunden. Faserkohle, die zwar auf Grund ihrer Entstehung eine sehr hohe Sprödigkeit besitzt, kann aber wahrscheinlich nicht allein auf Grund des allseitigen statischen Gebirgsdruckes diese pulvrige Form gewonnen haben. Vielmehr muß durch Formänderungsarbeit im Flöz, außerhalb des elastischen Bereichs, diese restlose Zertrümmerung hervorgerufen worden sein.
Betrachtet man ein Flöz, das einen Schichtkörper darstellt, im Sinn der Mechanik als Balken, so werden bei Biegung die Zerrungs- und Pressungsmaxima in den Randfasern erzeugt. Die Relativverschiebungen der Schichten können hier zur Ausbildung eines oft zu beobachtenden spiegelglatten Hangenden und/oder Liegenden sowie zur restlosen Zermürbung der unmittelbar angrenzenden Flözkohle führen. Im Effekt entsteht dadurch eine Gleitfuge zwischen dem Nebengestein und dem Flözkörper. Abhängig von der Art des Gefügebaues der Kohle und ihrer mechanischen Widerstandsfestigkeit gegen Zug- und Druckeinwirkungen ist die Staubkorngröße und die Mächtigkeit der zerstörten Kohle unterschiedlich. Damit ändert sich auch der Grad der Neigung zum selbständigen Auslaufen der Kohle in den offenen Grubenraum. Unter der Voraussetzung einer vorhandenen mehrere Zentimeter mächtigen, mehligen und trockenen Kohlenstaubschicht, insbesondere über einem spiegelglatten Flözliegenden, bestehen ideale Voraussetzungen zum Auslaufen dieser Schicht und anschließendem Absetzen und Auslaufen des übrigen Flözinhaltes unter der Einwirkung des Abbaudruckes und der Schwerkraft.

7.2.4. Tektonische Störungen

Schon während der Besprechungen auf den Schachtanlagen, bei denen Auslaufen von Kohle eine gefürchtete Erscheinung ist, wurde immer wieder auf die Bedeutung von tektonischen Störungen als Ursache von Auslauffällen hingewiesen. Die gefährlichen Wirkungen treten jedoch nicht nur *an* Störungen und in deren unmittelbarer *Nähe* auf, sondern häufig schon weit *vor* einer im Abbauvorfeld liegenden Störung. Aussagen über die Reichweite der von größeren Störungen ausgehenden Wirkungen schwanken zwischen 20 und 50 m. Innerhalb dieser Reichweite kündigen sich bevorstehende Störungen durch Abnahme der Kohlefestigkeit unterschiedlich stark an.

Über die tatsächlich ermittelte Häufigkeit des Auslaufens in Störungsbereichen und in solchen mit tektonischen Besonderheiten in der Flözausbildung (Wülste am Hangenden oder Liegenden, Flözmächtigkeitsänderungen, Bergelinsen, gefährliche Bergehorizonte im Flöz u. ä.) gibt Tab. 14 Auskunft.

Tab. 14

| | Häufigkeit von Auslauffällen | | | | | | | |
| | Streben | | Aufhauen | | Abbau-strecken-auffahrung | | Kippstellen | |
	abso-lut	in %	abso-lut	in %	abso-lut	in %	abso-lut	in %
An oder in unmittelbarer Nähe von geologischen Störungen	23	44,2	5	33	2	50	0	0
Im Abstand von weniger als 50 m von bekannten Störungen im Abbauvorfeld	7	13,5	4	27	1	25	2	40
Keine geologischen Störungen vorhanden bzw. bekannt, jedoch Auslaufen auf Grund von tektonischen Besonderheiten in der Flözausbildung	9	17,3	3	20	1	25	2	40
Weder geologische Störungen noch tektonische Besonderheiten zu ermitteln	13	25,0	3	20	0	0	1	20
Summe	52	100	15	100	4	100	5	100

(von der Gesamtzahl der ausgewerteten Fälle beziehen sich auf

Streben	68,4%
Aufhauen	19,7%
Abbaustreckenauffahrungen	5,3%
Kippstellen von Streben	6,6%)

Die Wirkungsweise des Einflusses von Störungen auf das Auslaufgeschehen bedarf nachfolgend keiner näheren Erläuterung, da das Vorhandensein und die Wirkung strukturveränderter Kohle in Störungszonen allgemein bekannt ist.

7.3.0. Auswirkungen der Abbaudynamik

In der diesem Kapitel vorangestellten Betrachtung über die Ruhrgebietsfaltung sind große Faltungsintensität und steilstehende Gebirgsschichten als grundsätzliche Voraussetzungen für mögliches Auslaufen von Kohle erkannt worden. Darüber hinaus müssen auch geeignete kohlepetrographische Voraussetzungen bestehen, um ein Flöz auslaufgefährlich zu machen. Daß durch Biege-, Schub- und Zugbeanspruchungen der Flözkörper zerstört werden kann, wenn Kohle oder eingelagerte Bergehorizonte eine ausreichende Sprödigkeit besitzen, wurde an Hand von beobachteten Erscheinungen dargelegt.

Mit diesen Voraussetzungen ist der große Rahmen der Bildungsbedingungen für eine Auslaufneigung von Flözkohle abgesteckt.

Mit dem Beginn einer bergmännischen Tätigkeit wirkt sich die natürliche, geringe Kohlenfestigkeit eines Flözes ungünstig aus, weil nunmehr die Abbaudynamik einsetzt und den gesamten Gebirgskörper um den Abbauhohlraum aus dem ursprünglichen Gleichgewichtszustand bringt. Die Gebirgsbewegungen greifen natürlich auch auf den anstehenden Kohlenstoß über, wobei der Flözkörper des Abbauvorfeldes seinerseits in Bewegung gerät. In den letzten Jahren wurde die Frage nach dem Ausmaß des Kohlenganges der Kohle studiert. JAHNS [9] hat über einige Ergebnisse dieser Untersuchung in der 12. Sitzung des Colloquiums für steile Lagerung am 12. 1. 1959 berichtet. Nach seinen Ergebnissen beginnt die zum Versatzstoß gerichtete Kohlewanderung im Abbauvorfeld etwa 8 m vor dem Kohlenstoß. Ferner stellte er fest, daß die Abstandsänderungen von Punkten, die in Bohrlöchern vermarkt wurden, mit der Entfernung der Punkte vom Kohlenstoß abnehmen. In einem einfallend verlaufenden Bohrloch, das in der Mitte eines 2 m mächtigen Flözes gebohrt war, und in dem je ein Punkt 1 m und 5 m vom Kohlenstoß entfernt vermarkt waren, wurde im Zeitraum von 7 Tagen eine Kohleauswanderung zwischen den Meßpunkten von 100 mm gemessen.

H. HOFFMANN [10] hat den Kohlengang in steiler Lagerung nach einem genaueren Verfahren mit einem an seinem Institut entwickelten induktiven Bohrlochlängungsmeßgerät gemessen und ist zu Ergebnissen gelangt, die auch die Wirkung der Schwerkraft erkennen lassen.

Unabhängig von der äußerst wichtigen Frage nach dem Zusammenhang zwischen Einwirkungszeit und der allgemeinen Größenordnung des Auswanderungsbetrages ist hier folgender Nachweis entscheidend: Unter der Wirkung abbaudynamischer Kräfte spielen sich im anstehenden Kohlenstoß Bewegungsvorgänge ab. Die Kohle wandert in Richtung auf den bergmännischen Hohlraum. Diese Bewegung lockert die schon während der Gebirgsfaltung stark beanspruchte Kohle noch zusätzlich auf.

102

Wie bereits in den einleitenden Kapiteln zu dieser Arbeit festgestellt wurde, darf die anstehende und zum Auslaufen neigende Kohle nicht mit einem lockeren Schüttgut verglichen werden. Sie ist ein Vielkörper im Sinne von L. MÜLLER [11] und verhält sich, wie HEINZE [2] nachwies, elastisch und zugleich zähe oder spröde. Beim Abbau des Flözes oder auch beim Abbau benachbarter Flöze, deren Abbauwirkungen das fragliche Flöz noch erreichen, wird die Kohle durch das Hinweggleiten der Zone des maximalen Zusatzdruckes über das jeweilige Abbauvorfeld zusätzlichen Be- und Entlastungen ausgesetzt. Unter diesen Wirkungen wird der Flözzusammenhalt teilweise zerstört. Außerdem fällt der auf dem Flöz lastende Zusatzdruck am Kohlenstoß auf null ab, wobei die Kohle eine beträchtliche und mit weiterer Auflockerung verbundene Entspannung erfährt, ohne daß scheinbar der makropetrographische Aufbau des Flözes verloren geht.
Nach Ansicht des Verfassers beruht die vorgetäuschte größere Strukturfestigkeit der Kohle und der restliche Flözzusammenhalt auf der innigen Verzahnung und Verfilzung der gelockerten Kohlestücke. Dieser labile Zustand gebietet größtmögliche Vorsicht beim Abbau. Dem Lockerungsprozeß im Kohlenstoß muß daher möglichst rechtzeitig entgegengewirkt werden.

7.4.0. Schlüsse, die aus der Form von Auslaufräumen auf den Mechanismus des Auslaufens gezogen werden können

(Die in diesem Abschnitt folgenden Abbildungen sind verkleinerte, maßstabgetreue und gegebenenfalls geringfügig vereinfachte Umzeichnungen der Original-Unfallzeichnungen.)
Nach den durchgeführten Untersuchungen und den Erfahrungen der Praxis gibt es drei Grundformen von Auslaufräumen:

1. flächig,
2. glockenförmig,
3. schlauchförmig.

7.4.1. Flächige Auslaufräume

Flächige bis großflächige Auslaufräume ergeben sich vorwiegend beim Ausbrechen von Firstenecken im Schrägbau mit firstenartigem Verhieb. Die Ausbildung eines flach-gewölbten und statisch-stabilen Gewölbes an der Abrißlinie macht den wesentlichen Unterschied zu den beiden anderen Auslaufformen sehr deutlich. Da sich nämlich diese flachen Gewölbe im allgemeinen nicht durch fortschreitendes Auslaufen vergrößern, spricht man besser von Abrißfällen. Die meist grobklotzig anfallende, abgerissene Kohle deutet auch nicht auf weitgehende Strukturzerstörung des gesamten Flözkörpers hin. In Abb. 15, S. 104, befindet sich ein typischer »Abrißfall«.

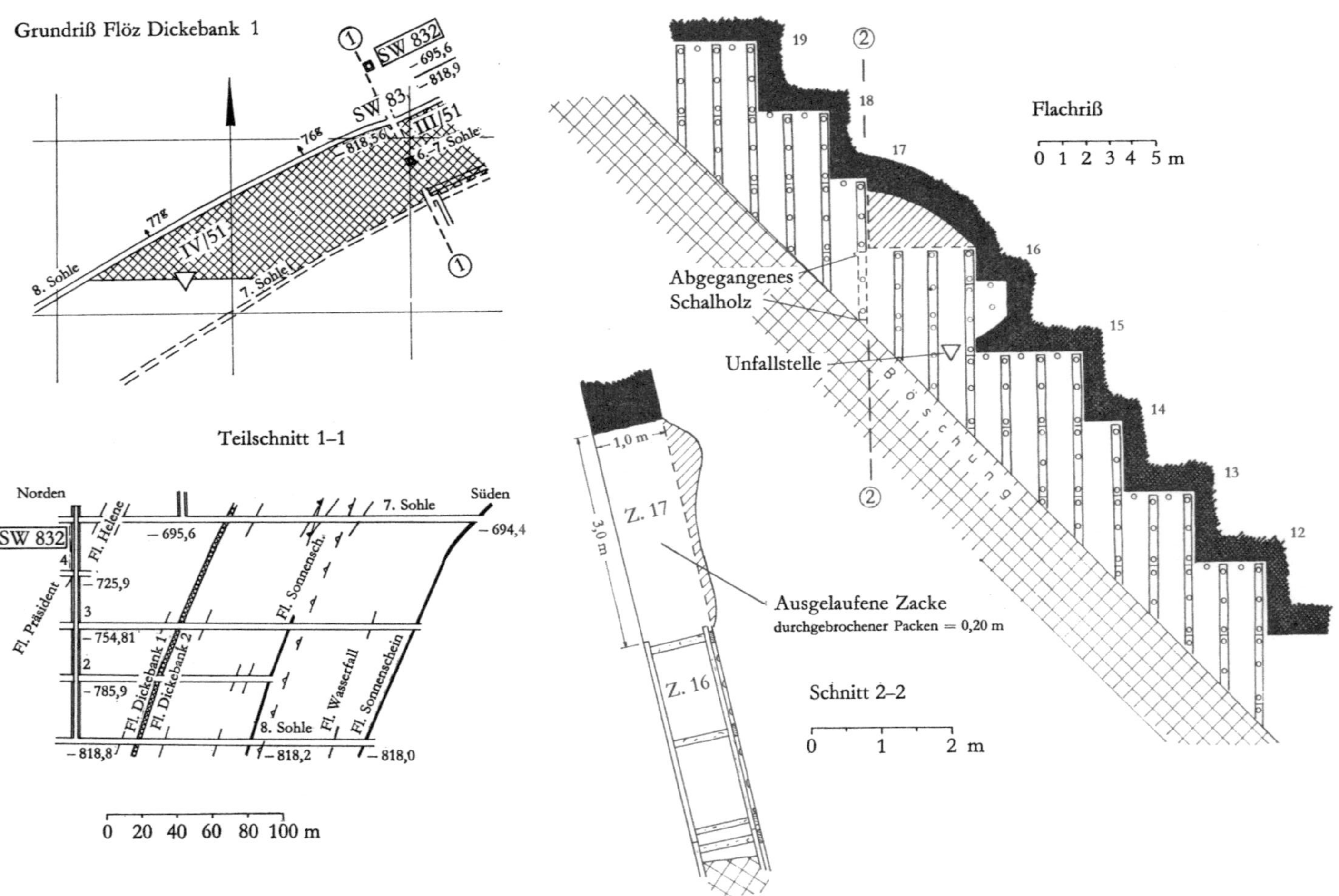

Abb. 15 Unfallskizze zum Untersuchungsfall 74 Flöz Dickebank 1

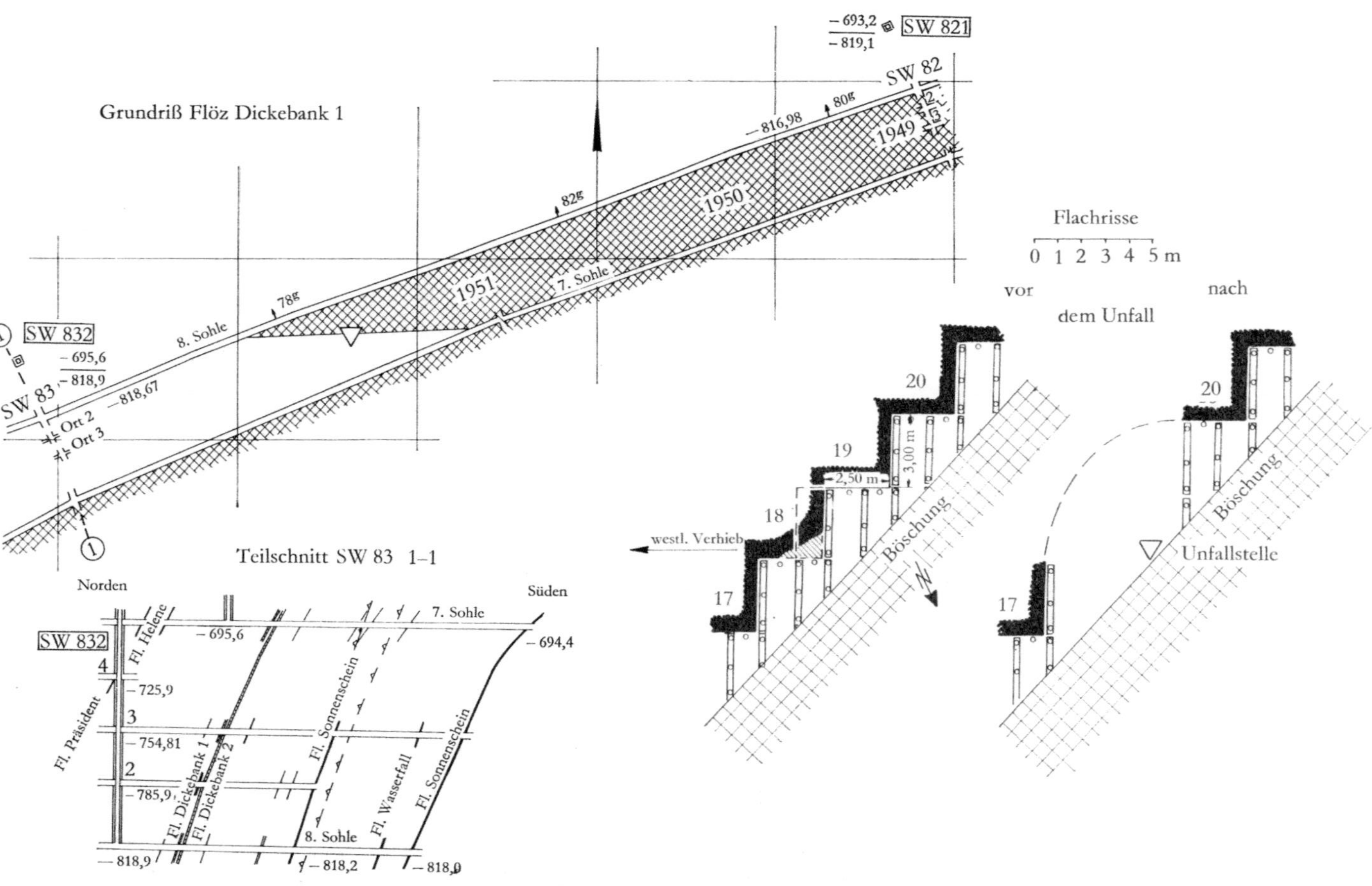

Abb. 16   Unfallskizze zum Untersuchungsfall 77
          Flöz Dickebank 1

In Abb. 16, S. 105, befindet sich ein Beispiel für das Abreißen mehrerer Firsten. Zur Beurteilung derartiger Fälle gelten im wesentlichen dieselben wie oben gemachten Ausführungen. Entsprechend der größeren Länge der Abrißlinie und der Spannweite des Bogens wird deren Wölbung aus statischen Gründen stärker. Beginnt die Wölbung aber an ihren feldwärtigen Auflagerpunkten steiler zu werden, oder liegt gar der eine Gewölbeflügel in der Einfallrichtung, dann handelt es sich bereits um eine Übergangsform zu glockenförmigen Auslaufräumen, in denen sich die eigentlichen und hier zu untersuchenden Auslaufvorgänge abspielen.

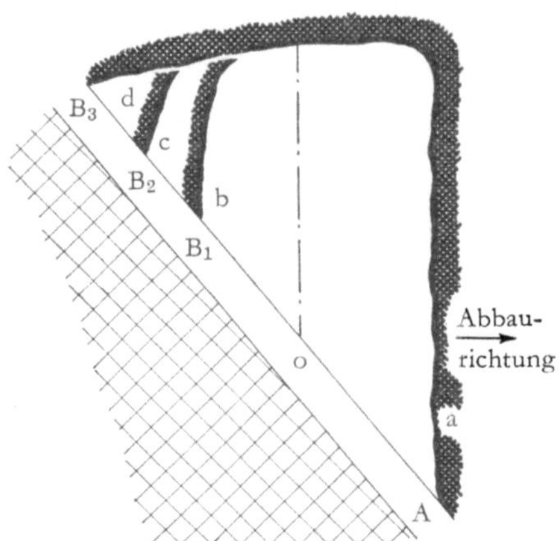

Abb. 17   Vereinfachte Darstellung eines glockenförmigen Auslaufraumes

7.4.2. Glockenförmige Auslaufräume

Wie an den Beispielen der Unfallskizze 61 in Abb. 18, S. 107, und der Unfallskizze 25 in Abb. 19, S. 108, zu sehen ist, haben glockenförmige Auslaufräume meist folgende Merkmale:

1. Der entstehende Auslaufraum zerstört ein längeres Stück der Strebfront.
2. Die Mittelachse des Auslaufraumes verläuft stets mehr oder weniger genau im Einfallen.
3. Der im Abbauvorfeld des Flözes liegende »feldwärtige« Stoß *a* des Auslaufraumes verläuft meistens parallel zur Mittelachse und steht ebenfalls nahezu im Einfallen.
4. Der zum Versatz weisende »versatzseitige« Stoß der Auslaufglocke hat entweder den in Abb. 17 dargestellten Verlauf *b*, *c* oder *d*, worin aber keine prinzipiellen Formunterschiede zu sehen sind.
5. Glockenförmige Auslaufbereiche besitzen nicht grundsätzlich eine zur Mittelachse symmetrische Form.

106

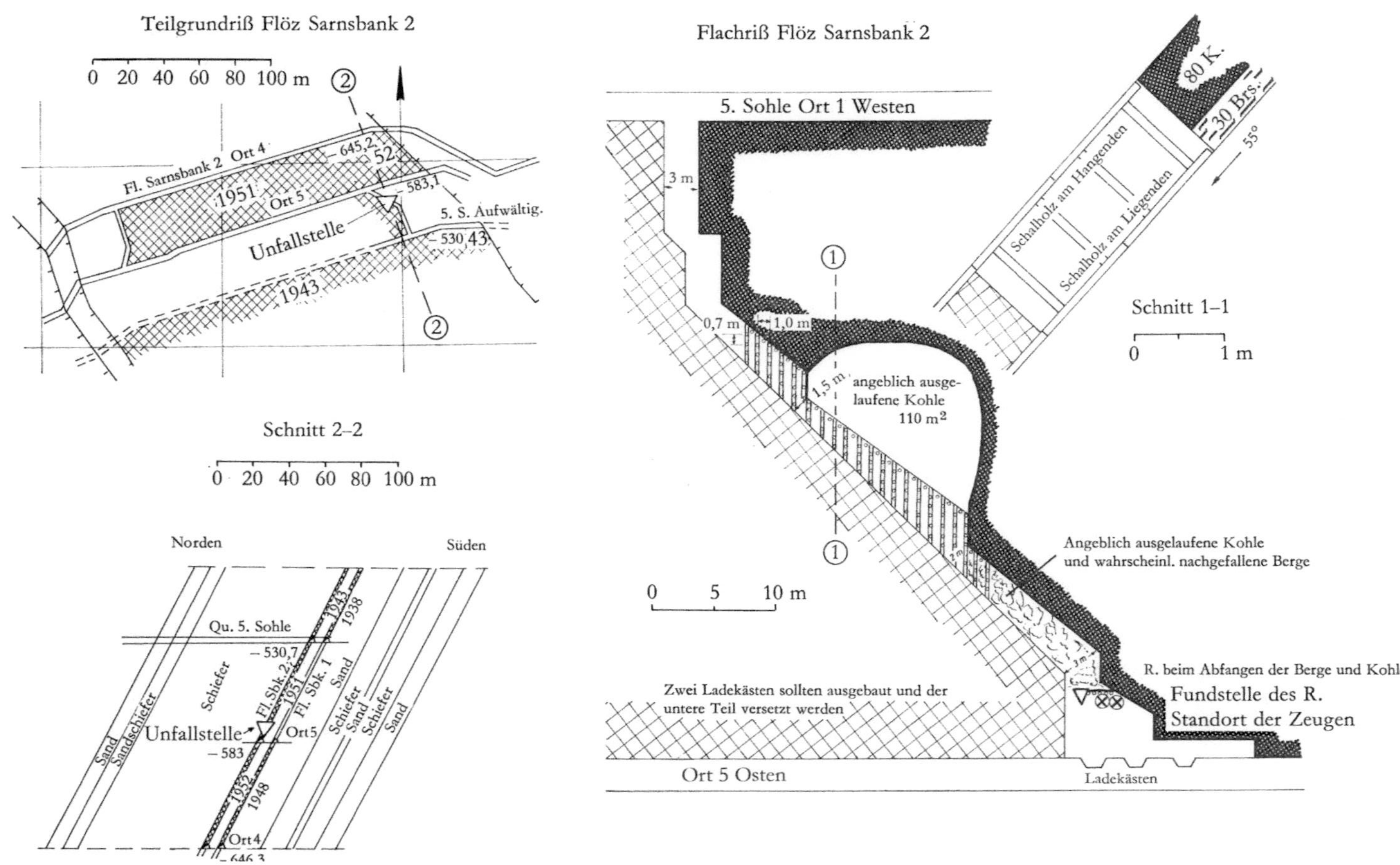

Abb. 18 Unfallskizze zum Untersuchungsfall 61 Flöz Sarnsbank 2

107

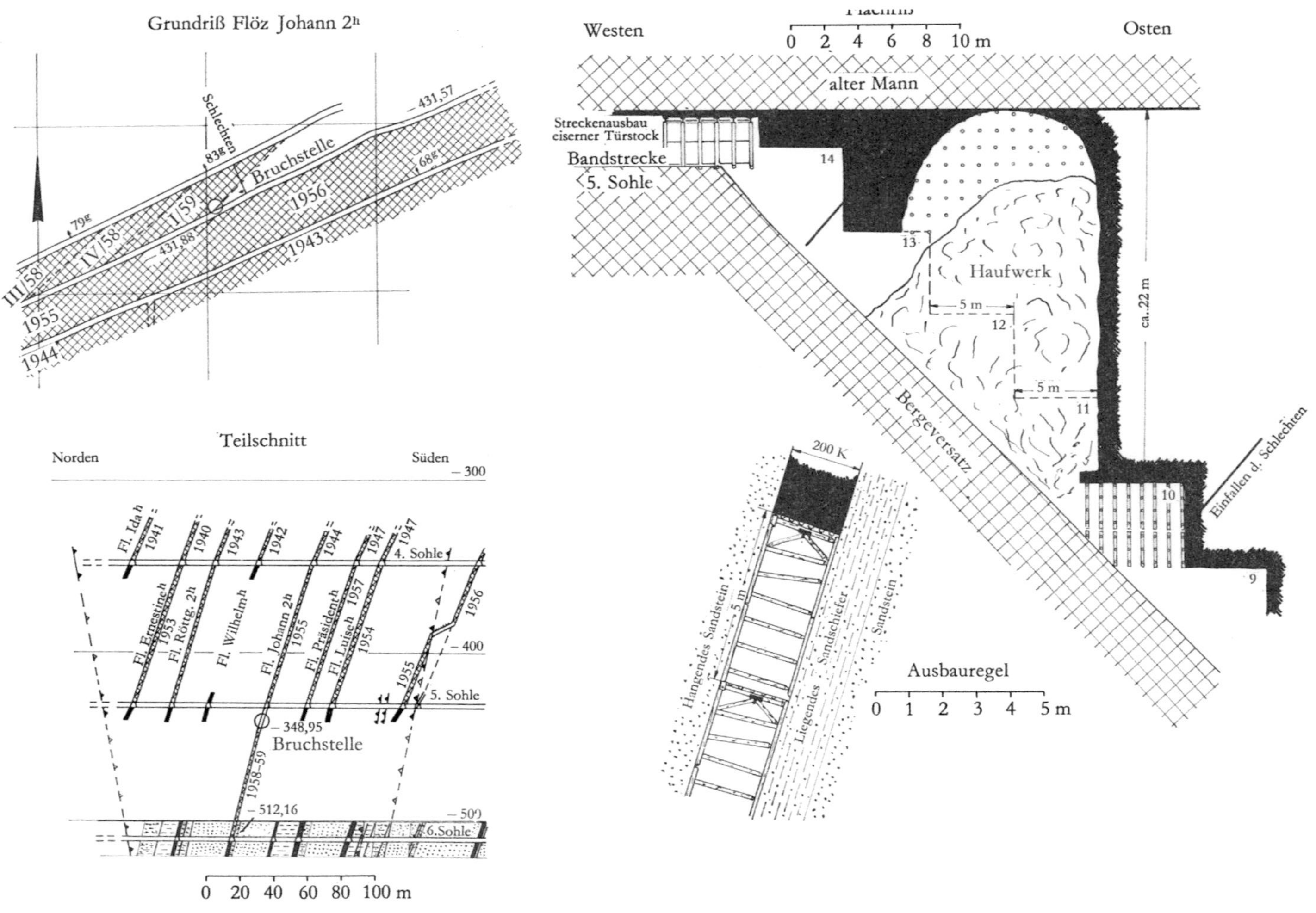

Abb. 19   Unfallskizze zum Untersuchungsfall 25
Flöz Johann 2ʰ

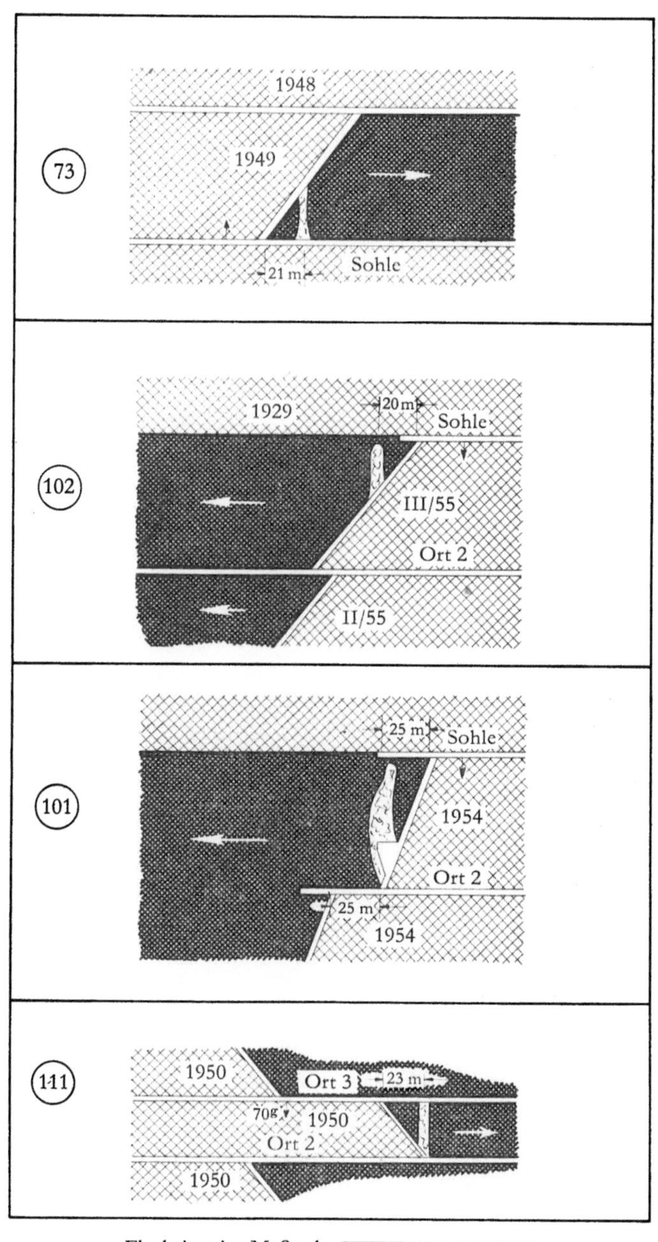

Flachrisse im Maßstab

0   20   40   60   80   100 m

Abb. 20   Typische Beispiele auslaufender »Schläuche« in Streben

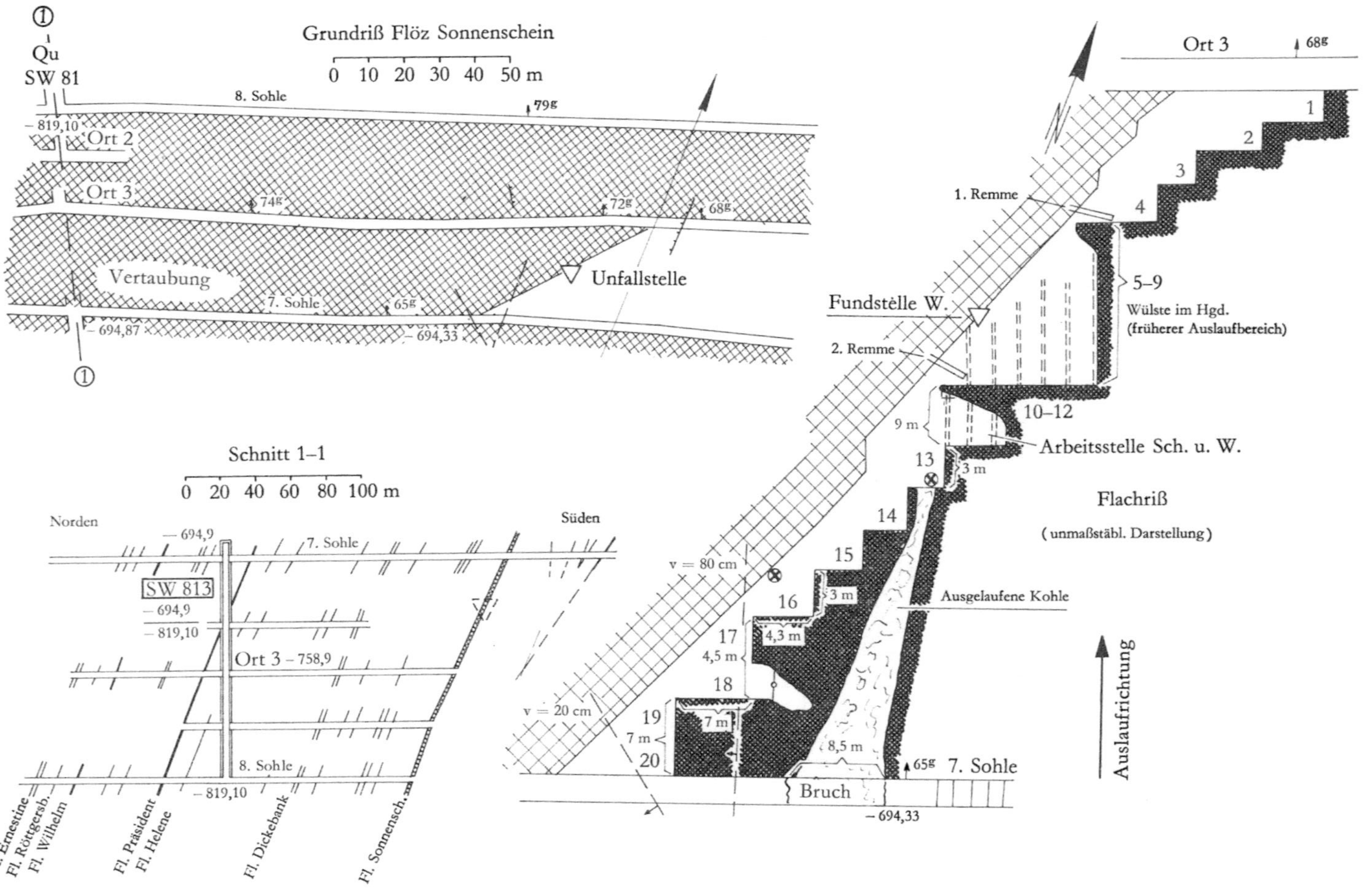

Abb. 21 Unfallskizze zum Untersuchungsfall 73
Flöz Sonnenschein

6. Das Verhältnis der im Streichen und im Einfallen gemessenen Achslängen des
   Auslaufraumes beträgt etwa 1:1.
7. Die Größe glockenförmiger Auslaufräume schwankt nach grober Schätzung
   zwischen 30 und 250 m².

Wie in den zehn typischsten und größten vom Verfasser untersuchten Auslauffällen mit glockenförmigen Auslaufräumen festgestellt wurde, ragten die Auslaufräume mit ihren entferntesten Teilen nicht mehr als 10–11 m – senkrecht zur
Strebfront gemessen – in das Abbauvorfeld hinein.
In den Größenordnungen stimmen die Beobachtungen des Verfassers mit den
Ergebnissen von JAHNS [9] und HOFFMANN [12] überein: Von beiden Verfassern
wurde durch Kohlenauswanderungsmessungen in der steilen Lagerung eine ebenfalls (wie in der flachen Lagerung) parallel zur Strebfront verlaufende Entspannungszone nachgewiesen. Die Breite dieser Zone mit nachweislich entspannter Kohle hat JAHNS mit 7 m gemessen, HOFFMANN (auf der Versuchsgrube
Tremonia) mit 8 m.

7.4.3. Schlauchförmige Auslaufräume

Die allgemeinen Merkmale schlauchförmiger Auslaufräume sind:

1. Schlauchförmige Auslaufräume zerstören die schräge Kohlenfront eines Strebs
   gewöhnlich nur auf wenige Meter Länge.
2. Die Mittelachse des Schlauches verläuft normalerweise genau oder nahezu
   genau im Einfallen.
3. Auslaufschläuche sind gewöhnlich sehr viel schmaler als hoch. Während die
   Breiten im Regelfall 2–5 m nicht überschreiten, betragen die Höhen bis zu
   50 m und mehr.
4. Die Ansatzstelle von schlauchartigen Auslaufräumen in Streben befindet sich
   bevorzugt im oberen Strebdrittel. Sie kann aber auch an jeder anderen Stelle
   liegen. Abb. 20, S. 109, zeigt die Entwicklung auslaufender Schläuche bis in
   das Niveau der Kopfstrecke. Auf S. 63 wurden Betrachtungen darüber angestellt, unter welchen Voraussetzungen sich der Kopf von Schläuchen bis unter
   die bereits früher erwähnte Kohlenschwebe (eingeklemmte Kohle unter der
   Kopfstreckensohle) fortsetzt, wann er in die Streckensohle durchsetzt und bis
   in die höhere Bauhöhe reicht (vgl. Abb. 21, S. 110).

Die tatsächliche oder projektierte Längsachse eines Schlauches bildet mit dem
Niveau der Kopfstreckensohle einen Schnittpunkt *a*. Die Entfernung des Punktes *a*
vom Strebausgang wurde in zahlreichen Fällen zu 20–25 m ermittelt (vgl. hierzu
Abb. 20, S. 109).
Da nur eine begrenzte Anzahl von Auslauffällen für die Untersuchung zur Ver-
fügung stand, kann dieses Ergebnis natürlich stark von Zufällen beeinflußt sein.
Immerhin erinnert es auffallend an die von H. HOFFMANN [13] zusammengefaßten

früheren Veröffentlichungen über Periodizitäts-Beobachtungen am Abbauhangenden im Strebvorfeld. Nach Auffassung des Verfassers ist insbesondere die Übereinstimmung der Beobachtungsergebnisse mit der lange Zeit verworfenen *Weberschen Wellentheorie* bemerkenswert. Das Bestehen gewisser Periodizitäten hat wiederum an Wahrscheinlichkeit gewonnen, nachdem H. HOFFMANN kürzlich derartige wellenartige Verformungen im Flözhangenden bei Modellversuchen nachweisen konnte.

Aus welchem Grunde die die schlauchförmigen Auslaufräume begrenzenden Stöße eine ausreichende Standfestigkeit besitzen, konnte bildungsgeschichtlich nicht erklärt werden. Es liegt jedoch nahe, die Entstehung dieser Auslaufräume auf die Schwerkraftwirkung und zugleich auf eine in der steilen Lagerung noch unbekannte, scharf begrenzte Reichweite der vom Abbaustoß ins Abbauvorfeld reichenden Zusatzdrücke zurückzuführen.

In der Unfallskizze zum Untersuchungsfall 27 in Abb. 22, S. 113, ist der häufige Fall schlauchförmigen Auslaufens längs einer Störung dargestellt. In diesem Fall erstreckt sich der Auslaufraum eindeutig nur innerhalb der allein durch die Störung verursachten Auflockerungszone. Aus Abb. 22 ist schließlich noch eine Eigenschaft glocken- und/oder schlauchförmiger Auslaufräume zu ersehen, die unbedingt erwähnt werden muß:

Um einen Auslaufbereich wieder aufzuwältigen und ihn danach mit dem Streb überfahren zu können, wird von der jeweils günstigsten Stelle aus dem Streb heraus, aus der Kopfstrecke oder von der Ladestrecke her ein Aufhauen bzw. Abhauen in das Höchste der Auslaufglocke oder eines totgelaufenen Schlauches getrieben. Von hier beginnt man dann, den Kopf des Auslaufbereiches mit ausreichender Stempeldichte auszubauen und sorgfältigst zu verziehen. Alsdann zieht man die ausgelaufene Kohle langsam aus dem Streb und baut, auf der nachsinkenden Kohle arbeitend, den freiwerdenden Raum fortlaufend aus. Sobald der Kopf der Glocke ausreichend gesichert ist, setzt an den senkrechten Begrenzungsstößen des Auslaufraumes in der Regel kein weiteres Auslaufen mehr ein. Es erhebt sich die Frage, wieso es möglich ist, mit Abstand von etwa einem Meter vom Rand des Auslaufraumes entfernt – gelegentlich in einem noch geringeren Abstand – Aufhauen treiben zu können. Weil diese überraschende Tatsache weder petrographisch noch tektonisch erklärbar scheint, kann die im Randgebiet des Auslaufraumes vorhandene Festigkeit nur mit der Statik eines Gewölbes begründet werden: Die im Kraftlinienverlauf des Gewölbes befindliche Kohle wird eingeklemmt und erhält damit dieselbe Festigkeit, die bei »Streckenschweben« bekannt ist.

Es liegt nahe, die Schichtenfolge im Hangenden auslaufgefährlicher Flöze in einen Zusammenhang mit der bestehenden Auslaufneigung zu bringen.

Nach dem Ergebnis in Abb. 11, S. 79, geht jedoch *kein* Einfluß von der Höhe und Mächtigkeit der ersten hangenden Sandsteinbank über dem auslaufenden Flöz aus. (Fehlende Säulen bedeuten: Kein Sandstein in den ersten 50 m Hangenden vorhanden.) Entsprechende Abhängigkeiten von der Lage und Mächtigkeit, wie sie z. B. in der Gebirgsschlagforschung eine Rolle spielen, konnten hier nicht festgestellt werden.

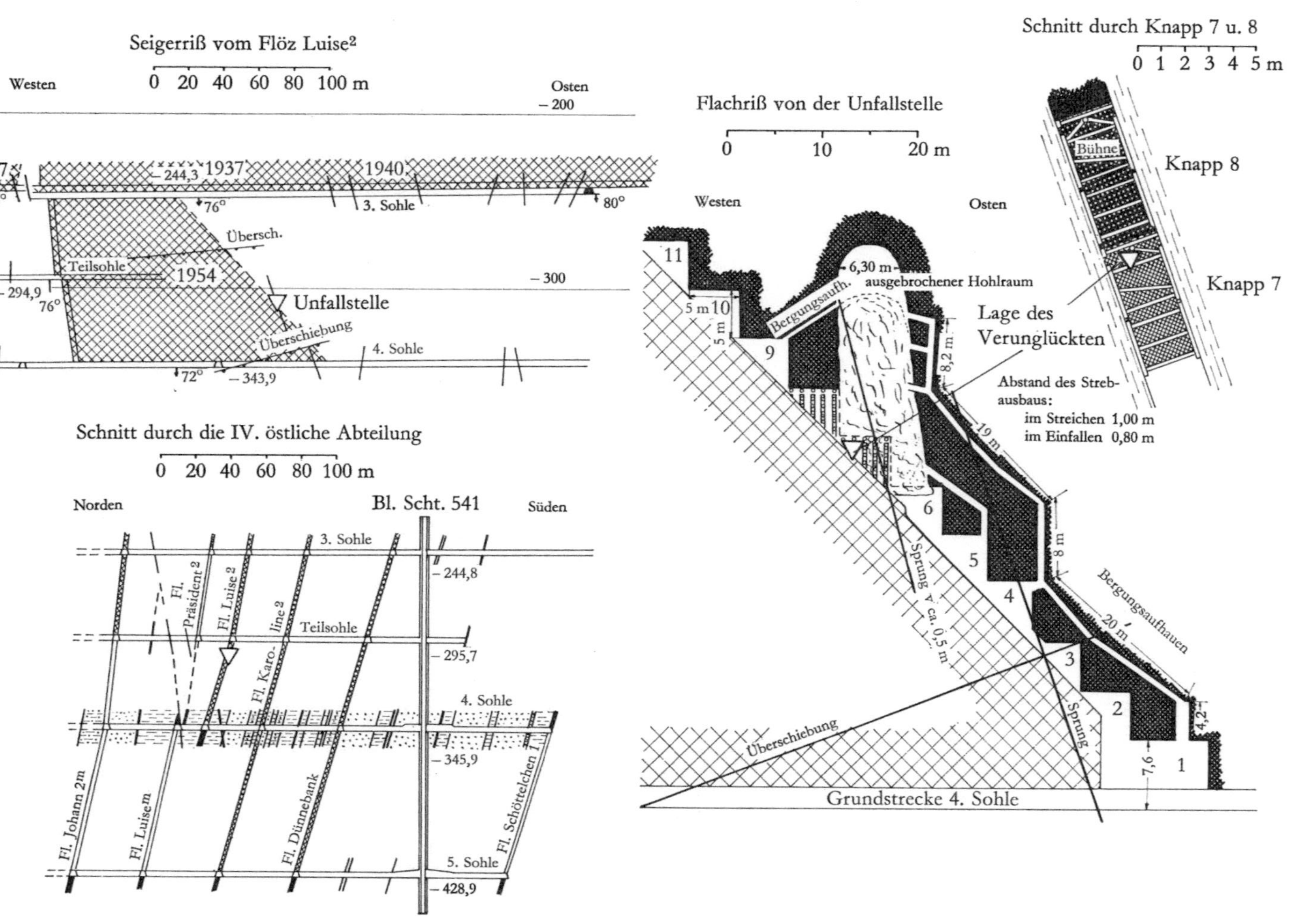

Abb. 22   Unfallskizze zum Untersuchungsfall 27
Flöz Luise 2

7.4.4. Hypothese über den Mechanismus des Auslaufens

Nach dem Ergebnis der bisherigen Untersuchung kann festgestellt werden:
Das Auslaufen von Kohle wird unterstützt, wenn Zusatzspannungen im Hangenden eines Flözteiles wirksam sind. Diese Feststellung konnte bestätigt werden

a) bei der Untersuchung des Einflusses von Kohleninseln und Restpfeilern (s. hierzu auch die Ausführungen auf S. 56 ff.),

b) beim Vorhandensein von Randdruckwirkungen in benachbarten Bauhöhen desselben Flözes (vgl. hierzu auch S. 59 ff. u. 61),

c) bei der Untersuchung des Einflusses von sich kreuzenden und überlagernden Kämpferdruck-Zonen (vgl. hierzu auch S. 57ff.).

Nach den Erfahrungen der Praxis läuft die Kohle *nicht* aus, wenn die entspannende Wirkung von zuvor abgebauten Schutzflözen beim Abbau des auslaufgefährlichen Flözes noch wirksam ist (vgl. dazu S. 57). Aus dem Vorstehenden ist daher eine der wichtigsten Maßnahmen für den Abbau auslaufgefährlicher Flöze abzuleiten: Der wirksame Zusatzdruck muß verkleinert werden.
Wenn ein Zusatzdruck auf dem gefährdeten Flöz, dessen Kohle als Vielkörpersystem zu betrachten ist, lastet, dann wird der Verband dieses Vielkörpersystems weiter oder gar vollkommen zerstört. Das Flöz stellt das Widerlager des auflastenden Zusatzdruckes dar. Wenn aber das Widerlager am Abbaustoß unter der Wirkung des Gebirgsdrucks zerstört wird, so muß es sich in demselben Maße mit dem zerstörten Bereich weiter in den anstehenden Kohlenstoß hineinverlagern. Der auch dort wirkende Zusatzdruck zerstört wiederum das bereits verlagerte Auflager, das durch petrographische oder tektonische Einflüsse bereits vorzermürbt sein kann. Der Auslaufvorgang setzt sich infolgedessen fort. Jedoch kann der Vorgang nur solange andauern, als der Kohlenstoß unter der Einwirkung des Zusatzdruckes fortschreitend zerstört wird. Das Auslaufen muß daher an jener Grenze enden, an der der Widerstand der im Flöz bestehenden Kohlenstrukturfestigkeit größer als der wirkende Zusatzdruck ist. Aus diesem Grunde kann auch ein Flöz, welches durch den Abbau eines Schutzflözes vorentspannt wurde, deswegen nicht mehr auslaufen, weil der herrschende Zusatzdruck das Vielkörpersystem »Kohle« nicht weiter beansprucht und zerstört.
Während sich beim Auslaufvorgang die Zusatzdruckzone innerhalb des kleinräumig betrachteten Auslaufbereiches verlagert, entspannt sich die Kohle in einem kurzen Zeitraum Δt, in dem sich der Gebirgsdruck erneut über einem gesuchten, festen Auflager aufbaut. In dieser Zeitspanne ist also das im Begriff auszulaufen stehende Flöz an der »aktiven Auslauffront« – das ist die Fläche des Kohlenstoßes, an der die Zerstörung der Kohle vor sich geht – drucklos. Dadurch geht der innere Zusammenhalt des Vielkörpers verloren und der Kohlenstoß verbricht ebenfalls.
Der Mechanismus des Auslaufens von Kohle besteht somit in einer schnellen, zeitlichen Aufeinanderfolge von drei Einzelvorgängen:

114

1. Druckaufbau über dem im allgemeinen vorzerklüfteten Flözstoß,

2. Zerstörung des Kohlenstoßes unter der Wirkung des Zusatzdruckes und

3. Entlastung des Flözstoßes in der Zeit Δt bis zum erneuten Aufbau des Druckes über einem neuen, festen Widerlager im Abbauvorfeld.

Das Auslaufen von Kohle ist daher das Ergebnis einer abwechselnden Be- und Entlastung des Kohlenstoßes, also einer Dauer-Wechselbelastung. Die auslösende Ursache des Auslaufvorganges ist im Vorhandensein des Zusatzdruckes zu erblicken, dem bei der Zerstörung des Stoßes zeitlich nachfolgend ein Entspannungsvorgang folgt.

Es wird auch die Meinung vertreten, der Auslaufvorgang entstehe ausschließlich als Folge eines Entspannungsvorganges. Dieser Ansicht kann nicht zugestimmt werden, weil an zahlreichen Voraussetzungen für das Auslaufen nachgewiesen werden konnte, daß der Vorgang *nur* unter primärer Einwirkung von Zusatzdruck eintreten kann. Wenn man jedoch einmal unterstellt, der Auslaufvorgang vollzöge sich in einem primär weitgehend oder vollkommen entspannten Flözteil, dann müßte das Flöz wie ein Silo leerlaufen. Mit Ausnahme der Beobachtung von »Kohlennestern« spricht jedoch nichts für die Richtigkeit einer solchen Annahme.

Da nach den Beobachtungen in der Grube das Auslaufen nur ein scheinbar kontinuierlicher Vorgang ist und erst mit der Vergrößerung des Auslaufraumes eine fortschreitende Flözentspannung eintritt, *muß* das Auslaufen das Ergebnis einer Zusatzdruckwirkung sein und kann nicht das einer ausschließlichen Entspannungswirkung sein.

Das Auslaufen von Kohle spielt sich in einem Bereich des Abbauvorfeldes ab, der, senkrecht zur Strebfront gemessen, höchstens 11 m breit ist. Nach den heutigen Vorstellungen über den Zusatzdruck-Verlauf im Abbauvorfeld eines Strebs ist dieser Bereich als Entspannungsbereich anzusehen. Diese Feststellung widerspricht jedoch nicht der Hypothese über den Auslaufmechanismus, da auch in diesem Entspannungsbereich – wenn auch stark zum Kohlenstoß hin abfallend – *Zusatzdruck* herrscht. Da sich Auslaufräume aber nur bis höchstens 11 m in das Abbauvorfeld hinein erstrecken, ist hierin der Beweis dafür zu erblicken, daß die Kohle jenseits dieser Grenze (wie bei der »Schwebe«) wieder eingeklemmt ist und sich unter solchen Voraussetzungen der Auslaufraum nicht mehr weiter ausdehnen kann. Unter der Einwirkung des dort herrschenden höchsten Zusatzdruckes erhält das Vielkörpersystem der Kohle eine zusätzliche Festigkeit.

Da die auslaufende Kohle der alleinigen Wirkung der Schwerkraft unterliegt, muß auch die Stellung der Stöße von glocken- und schlauchförmigen Auslaufräumen mehr oder weniger genau dem Einfallen folgen. Ein schräger Verlauf der Stöße ist nur insoweit möglich, als die Kohle auf einer schrägen Begrenzung des Auslaufraumes noch zu fließen vermag.

7.5.0. Gebirgsschläge

Es ist die Frage geprüft worden, wie häufig Auslaufen von Kohle in Verbindung mit starken Kohlenknällen oder Gebirgsschlägen aufgetreten ist. Kohlenknälle sind in den Untersuchungsunterlagen in acht Fällen genannt worden, Gebirgsschläge nur siebenmal. Nur in einem einzigen Fall sind Einzelheiten nachträglich bekanntgeworden, und zwar durch ein wissenschaftliches Gutachten von O. NIEMCZYK:

Flöz Karl (Einfallen 66^g, Mächtigkeit 150 K) und Flöz Röttgersbank standen auf einer Schachtanlage des nordöstlichen Ruhrgebietes gleichzeitig im Abbau. Das 100 m mächtige Mittel zwischen den Flözen besteht dort zu 70% aus Sandstein- und Sandschieferbänken. Zur gleichen Zeit, als die Streben in Flöz Karl und in Flöz Röttgersbank, bankrecht gesehen, übereinander lagen, begann eine Abbaukante in dem etwa 40 m über Flöz Karl liegenden Flöz Albert 2, das durch ein Zwischenmittel von etwa 50% feinkörnigem Sandschiefer und fein- bis mittelkörnigem Sandstein von Flöz Karl getrennt ist, auf den Unglücksstreb in Flöz Karl einzuwirken. Als die alte Abbaukante in Flöz Albert 2 und die neue, fortschreitende Strebfront in Flöz Röttgersbank den Unglücksstreb unter Einwirkungswinkeln von 79–84^g beeinflußten, traten die ersten Schläge in Erscheinung. Sie erreichten nach 14 Tagen ihren Höchstwert und führten zum Auslaufen von sechs Knäppen. Dabei wurden fünf Kohlenhauer verschüttet. Sie wurden nach 33 Stunden unverletzt geborgen.

Als Ursache dieser Schläge sah NIEMCZYK die gegenseitige Beeinflussung von *drei* Abbaustößen und das Vorliegen zweier mächtiger Sandsteinmittel an. – Hatte der Betrieb zunächst angenommen, daß von der Randzone des seit 15 Jahren beendeten Abbaues in Flöz Albert 2 keine zusätzlichen Spannungen mehr ausgehen könnten, so wird diese Anschauung nach dem Stande der heutigen Gebirgsdruckforschung als unhaltbar angesehen [14]. Ein unter Zusatzspannung geratener Gebirgskörper behält diese Spannungen, unabhängig vom Alter des Alten Mannes bei. Sind noch andere, beispielsweise abbautechnische Voraussetzungen, erfüllt, so können Kohlenknälle, Entspannungsschläge oder die stärkeren und gefährlicheren Gebirgsschläge noch viele Jahre nach Stundung des Abbaues ausgelöst werden.

Ein weiterer Beitrag zu diesem Problem ist von JAHNS [15] in »Die Wirksamkeit des Entspannungsschießens in einem (flach gelagerten) gebirgsschlaggefährdeten Flöz«, zum Steinkohlentag 1963 veröffentlicht worden:

Ein Hauptmerkmal der Gebirgsschläge ist bekanntlich eine plötzliche Bewegung des Kohlenstoßes in den Streb– oder Streckenhohlraum hinein. Unabhängig davon, daß JAHNS echte Gebirgsschläge nachweisen konnte, wird Auslaufen von Kohle auf Grund von Gebirgsschlägen grundsätzlich für möglich gehalten.

Bei Versuchen, Bohrlöcher im Kohlenstoß des Flözes 24 herzustellen, gelang es JAHNS nicht, diese Löcher bis in eine Tiefe zu stoßen, in der keine Auswanderungsbewegungen mehr stattfinden. Nach 3–4 m verklemmte das Bohrgestänge. Dieser Hinweis deutet auf eine hohe Spannungszunahme im Kohlenstoß dieses gebirgsschlaggefährdeten Flözes. In den von Gebirgsschlägen *nicht* betroffenen Teilen des Strebs wurden – bis auf einen Fall – Auswanderungsbeträge bis zu 300 mm in den letzten 24 Stunden vor dem Schlag festgestellt. Dieses Auswanderungsmaß ist um ein Mehrfaches größer als im Schlaggebiet selbst gewesen. Die Kohleauswanderung um 300 mm hat damit in dem *nicht* betroffenen Strebteil zum vorzeitigen Abbau der Spannungen im Kohlestoß ausgereicht.

In den vom Verfasser untersuchten Fällen mit angeblichem Auftreten von Gebirgsschlägen lagen über Sandschiefer- und Sandsteinschichten im Hangenden (vgl. dazu auch Abb. 11, S. 79) und Liegenden die auf der folgenden Seite genannten Angaben vor.

In keinem der angeführten Fälle ist eindeutig zu entscheiden, ob es sich um echte Gebirgsschläge (nach der Gebirgsschlagsystematik) gehandelt hat. Es können auch ebensogut Periodendruckerscheinungen, Kohlenknälle oder Setzdrücke vorgelegen haben.

Eine abschließende Stellungnahme ist zu den sieben angeführten Fällen nicht möglich, denn die geologischen und betrieblichen Gegebenheiten sowie die vorsorglich getroffenen Sicherungsmaßnahmen können heute nicht mehr lückenlos rekonstruiert werden. Dies gilt insbesondere für die Frage nach dem Widerstand der Kohle gegen das Auswandern und nach dem elastischen Verhalten der jeweiligen Kohlenflöze.

Folgt man der Auffassung von JAHNS, wonach Voraussetzungen für Gebirgsschläge gegeben sind, wenn

1. mächtige Bänke eines »biegesteifen« Nebengesteins vorliegen,

2. die Festigkeit der Kohle oder die ihres Verbandes durch Erschütterungen oder beim Reißen einer Gebirgsschicht überschritten werden kann und

3. bei Vorliegen von Rutschflächen in der Kohle, auf denen fein zerriebenes Material als »Schmiermittel« vorhanden ist, ebenfalls eine plötzliche Entspannung des Kohlenstoßes eintreten kann,

dann muß die Möglichkeit, Auslaufen von Kohle könne durch Gebirgsschläge ausgelöst werden, grundsätzlich bejaht werden.

Umgekehrt kann ein Gebirgsschlag auch als Folge eines Auslaufvorganges eintreten, weil durch letzteren die Zone großer Spannungsunterschiede im Kohlenstoß sehr schnell in unmittelbare Hohlraumnähe gerät.

Tab. 15

Nr. des Auslauffalles und Flöz	Schichtmächtigkeit Hangende Schichten		Schichtmächtigkeit Liegende Schichten	
	(Abstände [Abst.] sind ab Flözhgd./-lgd. gemessen)			
	Sandstein (S)	Sandschiefer (SSch)	Sandstein (S)	Sandschiefer (SSch)
58 Sarnsbank 2	–	Abst. 56 m	18 m Abst. 10 m	–
59 Mausegatt	–	11 m Abst. 9 m	22 m Liegendes	–
64 Mausegatt	25 m Abst. 3 m	3 m Hangendes	–	SSch
65 Präsident	0,5 m Hangendes	30 m S/SSch Abst. 0,5 m	Abst. 5 m	–
66 Präsident	32 m in Wechsellagerung Hangendes S + SSch		20 m S + SSch Liegendes	
68 Girondelle	32 m in Wechsellagerung Abst. 10 m S + SSch		–	in Wechsellagerung SSch + Sch
87 Dickebank	10 m Abst. 8 m	–	11 m Abst. 28 m	–

Bemerkungen und Einwirkungseinflüsse zu den Auslauffällen Nr. ...

58: Gebirgsschlag und Kohlenknälle aufgetreten; nicht wie sonst üblich lgd. Flöz Sarnsbank 1 als Entspannungsflöz vorweg gebaut. Kohleninsel in Sarnsbank 1 vorhanden, Auslaufen an Flözverdickung.

59: Im Bereich von Querschlagsüberfahrung, Störungszone, Kohleninsel und Abbaukante. Ferner Kohleninsel im hgd. Flöz Kreftenscheer.

64: Auslaufen an einer Kippstelle. Streckenbruch, in Verbindung mit zwei »Gebirgsschlägen«.

65: Auslaufen bei Sprung-Durchörterung ($v = 0,5$–$1,0$ m).

66: Schlagartiges Auslaufen nach mehreren Kohlenknällen. Randdruckauswirkungen von oberer Bauhöhe, bekannte Gebirgsschlaggefährdung.

68: Aufhauen, Strebunterfahrung. Kohleninsel im hgd. Flöz auf Grund von Auslaufen vorhanden. Allgemeine Auslaufgefahr in Flöz Girondelle, 20–25 m Länge des Auslaufbereiches.

87: Bekannte Knall- und Gebirgsschlaggefahr, bekannte Auslaufgefährlichkeit in begrenztem Flözbereich.

8.0.0. Zusammenfassung

Nach der festgelegten Definition ist unter Auslaufen von Kohle ein nicht im voraus zu bestimmender und nicht aufhaltbarer Vorgang zu verstehen. Er tritt unter gewissen gebirgsmechanisch-geologischen und/oder abbautechnisch bedingten Voraussetzungen ein, wobei das Flöz seine sonst festgefügte Struktur verliert und vorwiegend feinkörnig bis grobstückig aus dem Kohlenstoß – ähnlich einem Schüttgut – ausläuft. Hiervon sind vor allem eine Anzahl Flöze innerhalb der Bochumer und Wittener Schichten mit Einfallswinkeln über 50^g betroffen.

Auslaufvorgänge treten im wesentlichen im Abbau, im Abbaustreckenvortrieb und beim Auffahren von Aufhauen auf.

Erschütterungen oder Gebirgsbewegungen vermögen bereits zum Stillstand gekommene Auslaufvorgänge wiederholt anzuregen. Besonders bei Bergungs- und Aufwältigungsarbeiten können hierdurch erhebliche Schwierigkeiten entstehen.

Nach betrieblicher Erfahrung kann der Auslaufgefährlichkeit durch die Wahl besonders erfahrener Hauer, durch den Abbauzuschnitt einer Abteilung, die Abbaufolge der Flöze und durch geeignete Ausbaumaßnahmen vorbeugend entgegengewirkt werden. Gänzliche Verhinderung ist im Streb allein durch Abbau auf überkipptem Kohlenstoß möglich, bei der Herstellung von Abhauen an Stelle von Aufhauen und beim Abteufen von Gesenken an Stelle von Aufbrüchen.

Vorstehende Untersuchungen konnten sich leider nur auf Aufzeichnungen und Unterlagen stützen, die der Bergbehörde im Rahmen der Meldepflicht schwer oder tödlich Verunglückter bekannt wurden. Fälle ohne Unfallbeteiligung, also betriebsinterne Aufzeichnungen, waren sehr selten zu erhalten. Das Oberbergamt in Dortmund gestattete aus juristischen Gründen und teilweise auch wegen der Unzulänglichkeit der Unterlagen nicht die Einsichtnahme in die Unfallakten. Es empfahl, die Duplikate der gleichen Unterlagen auf den Zechen auszuwerten. Ersatzweise wurden die Untersuchungsunterlagen von 57 Schachtanlagen, die 1960 in der steilen Lagerung des Ruhrgebietes förderten, beschafft. Die Materialsammlung umfaßt 110 eingehend untersuchte Auslauffälle mit Unfallskizzen, Grundrissen, Schnittbildern, Schichtenprofilen und Abschriften von sogenannten »Zählbögen für Streb- und Streckenbrüche« sowie ergänzende Angaben aus den eingesehenen Werksgrubenbildern. 34 der 110 Auslauffälle wurden bei der Auswertung der Ereignisse wegen unzureichender Angaben, sekundärer Ursachen und als Bagatellfälle ausgeschieden.

Die Auslauffälle sind nach über 200 Merkmalen und Untermerkmalen erfaßt. Sie beinhalten eine weitgehend vollständige Beschreibung aller Gebirgs-, Abbau-, Betriebs- und Ausbauverhältnisse. Nur 25% der Haupt- und Untermerkmale sind quantitative, 75% sind qualitative Angaben.

Flöz Albert (Mitte der Bochumer Schichten) bildet wahrscheinlich die obere Grenze der Flözabfolge mit beobachteten Auslauferscheinungen. Flöz Sarnsbank als Grenzflöz der oberen Sprockhöveler zu den unteren Wittener Schichten, die untere Grenze.

Das in den Fettkohlenflözen zwischen Flöz Dickebank und Flöz Sonnenschein und in den Eßkohlenschichten um Flöz Mausegatt bestehende Minimum der Kohlenstrukturfestigkeit begründet offensichtlich das Maximum der Auslaufgefährlichkeit in diesen Flözen.

Die Auslaufgefährlichkeit ist vom Flözeinfallen abhängig. Die Größe der senkrecht wirkenden Schwerkraftkomponente wächst mit dem Sinus des Einfallens und ist ein Maß für den Gefährlichkeitsgrad. Der Höchstwert der festgestellten Auslaufgefährlichkeit liegt bei einem Einfallen von 70 bis 75^g. Dasselbe Ergebnis liefert die statistische Auswertung nach dem Verfahren von DAEVES und BECKEL auf Wahrscheinlichkeitspapier.

Bezieht man die Häufigkeit des Auslaufens auf die vier Abarten des Schrägbaues, so schneidet der Schrägbau mit firstenartigem Verhieb auf Grund der stärksten Kerbwirkung am Kohlenstoß und der höchsten Anwendungshäufigkeit mit 37% der Fälle am schlechtesten ab. Entsprechend der geringsten Beanspruchung des Kohlenstoßes ist die Unfallhäufigkeit beim knappweisen Verhieb mit 7,8% am geringsten. In Auslaufbereichen gefährdeter Flöze müssen Bauweise und Flözeinfallen sorgfältig aufeinander abgestimmt werden. Hierbei ist die wirksame Schwerkraftkomponente klein zu halten und eine höchstmögliche Gleichmäßigkeit des Verhiebes, die geringste Kerbwirkung am Kohlenstoß und die höchste Abbaugeschwindigkeit anzustreben.

Der Einfluß der Flözmächtigkeit auf die Auslauftätigkeit konnte nicht eindeutig ermittelt werden. Nur zu 53% fand Auslaufen bei unveränderter Flözmächtigkeit statt, bei weiteren 29,5% der Fälle traten Mächtigkeitsschwankungen zwischen ± 40% auf. Für das Auslaufen in Flözbereichen mit großer Normal-Mächtigkeit oder stark veränderter Normal-Mächtigkeit sind primär und mit hoher Wahrscheinlichkeit Strukturveränderungen der Kohle verantwortlich. Sekundär aber haben Ausbauwiderstand und -dichte den erhöhten Anforderungen in solchen Bereichen nicht entsprochen.

Ein Einfluß der Teufenlage des Flözes unter der Tagesoberfläche besteht nach dem Untersuchungsergebnis nicht. Ebenso ist kein Einfluß der Deckgebirgsmächtigkeit über dem Karbongebirge festzustellen. Das gleiche gilt für die Annahme bevorzugter, die Auslaufgefährlichkeit fördernder oder mindernder Einfallen- und Abbaurichtungen. Aus Mangel an genügendem Zahlenmaterial war eine exakte Nachprüfung des Einflusses von Schlechten in der Kohle nicht möglich. Da nur in vereinzelten Fällen das Auslaufen auf übermäßig weit zurückliegenden Versatz zurückzuführen war, wird im übrigen die Richtigkeit der von der Bergbehörde vorgeschriebenen höchsten Versatzabstände bestätigt.

Nach den Untersuchungen über den Einfluß der Gebirgsdruckwirkungen als Folge bergmännischer Tätigkeit sind für die Auslösung des Auslaufens von Kohle vorwiegend zwei Gründe verantwortlich:

1. Tektonisch-petrographische Besonderheiten in der Flözausbildung,
2. bestehende Kohleninseln, einwirkende Abbaukanten, Zonen geologischer Störungen und Überlagerungszonen von Randdrücken an Strebeingängen und -ausgängen sowie in Bereichen von Querschlagsüberfahrungen und -unterfahrungen.

Die unter 2. genannten Betriebsgegebenheiten sind größtenteils, von den Störungen abgesehen, vermeidbar. Außerdem können schädliche Gebirgsdruckwirkungen in vielen Fällen durch den rechtzeitigen Abbau geeigneter Entspannungsflöze, durch vollständigen Abbau, die Wahl eines geeigneten Abbauverfahrens und entsprechende Maßnahmen der Abbauführung wirkungsvoll ausgeschaltet werden. Sämtliche Maßnahmen müssen eine Minderung des Zusatzdruckes auf das gefährdete Flöz zum Ziel haben. Die Reichweite von Randdruckauswirkungen wurde in Übereinstimmung mit Angaben anderer Autoren zu etwa 30 m ermittelt und läßt sich bei 45% der untersuchten Fälle nachweisen. Hieraus ergibt sich die Empfehlung, auslaufgefährliche Flöze zwischen zwei Sohlen in möglichst wenige Bauhöhen zu teilen, um Randdruckauswirkungen zu begrenzen.

Bei zahlreichen Fällen ist nachzuweisen, daß sich Auslaufräume nicht weiter als bis zur »Schwebe« unter Abbaustrecken, in denen erwiesenermaßen die Kohle eingeklemmt ist, ausdehnen. Kohle kann demnach nur bis zu solchen Grenzen auslaufen, innerhalb derer noch Entspannungsvorgänge im Flöz möglich sind.

Eine vollständige Unfallstatistik des gesamten Ruhrgebietes aus dem Jahre 1957 mit 91 300 Untertageunfällen und eine weitere Unfallstatistik einer Bergwerksgesellschaft aus den Jahren 1955–1960 mit 25 500 Untertageunfällen (beide in Lochkartenform) wurden maschinell aufbereitet. Aus ihnen sollte die Häufigkeit von Auslaufunfällen ermittelt werden, die jeweils ausgelaufenen Kohlenmengen und das jeweilige Flözeinfallen, die Bauweise und der Unfallort. Beide Statistiken erwiesen sich wegen einer festgestellten Fehlerhaftigkeit von etwa 45% als ungeeignete Informationsquellen. – Bei Würdigung aller Fehler und Fehlermöglichkeiten kann ein Anteil von etwa 0,4% Unfällen durch auslaufende Kohle festgestellt werden. Aus diesem Ergebnis kann jedoch kein Schluß gezogen werden, wie oft Kohle ausläuft, ohne Unfälle zu verursachen.

Da man mit Hilfe der Varianzanalyse, einem mathematisch-statistischen Rechenverfahren, von den Einflüssen und Wirkungen einer kleinen Anzahl von Ereignissen auf *alle* gleichartigen Ereignisse schließen kann, wurde das auswertbare Material auf die Wirkung von acht als wichtig erkannten Einflußgrößen quantitativ untersucht. Zu diesen Einflüssen zählten: Angewendetes Abbauverfahren, Teufe der Auslaufstelle, Schichteinfallen, Flözmächtigkeit, Aufbau der ersten 50 m Gebirge über dem Flözhangenden, tektonische Störungen, Lage von Streben zu anderen Abbauen und Über- und Unterbauungsverhältnisse. Als Zielgröße galt die Lage der Ansatzstelle des Auslaufbereiches an der Kohlenfront. Infolge des geringen Stichprobenumfanges von nur 57 geeigneten Auslauffällen und der großen Zahl der das Auslaufen mitbestimmenden Einflußgrößen, sind die durchschnittlichen Einflußniveaus der Einflüsse und aller möglichen Einflußkombinationen bei beiden Varianzanalysen nur zu 57 bzw. 56% ermittelt worden. Mathematisch bedeutet dies eine allzu geringe Korrelationsstärke.

Die Standardabweichungen, die ein Maß für die Streubreiten der ermittelten Einflußstärken bei unendlich häufiger Wiederholung der Varianzanalyse mit einem gleich großen Stichprobenumfang darstellen, beweisen zwar das Bestehen eines korrelativen Zusammenhangs zwischen den untersuchten Einflüssen und der Zielgröße, aber dieser Zusammenhang ist statistisch nur ungenügend gesichert. Diesen Nachweis bringt vornehmlich die Testrechnung, die mit Rücksicht auf die schwache Korrelation nur mit 95%iger Wahrscheinlichkeit angesetzt worden ist. Da man wohl unterstellen kann, die gewählte Stichprobenzusammensetzung folge einer normalen *Gauß*schen Verteilung, muß ausschließlich der geringe Stichprobenumfang oder ein ungeeigneter Parameter für die Zielgröße das statistische Ergebnis fragwürdig machen.

Im abschließenden Kapitel der Arbeit wird die Rolle der Gebirgsmechanik im Mechanismus des Auslaufens von Kohle untersucht. Der regionale Schwerpunkt der Auslauftätigkeit ist mit 50% der untersuchten Fälle in den Bochumer und Wittener Schichten in der Bochumer Mulde, jedoch auch auf dem Wattenscheider Hauptsattel, der Essener Mulde und dem Gelsenkirchener Hauptsattel zu suchen, wo eine oder mehrere der nachfolgenden Voraussetzungen erfüllt werden:

1. Einfallen der Schichten zwischen 60 und 100^g.

2. Enge, spitze und extrem spitze Sattel- und Muldenfaltungen der Haupt- und Nebensättel.

3. Intensive Kleinfältelung innerhalb großer tektonischer Strukturen.

4. Besonders tief in das Steinkohlengebirge versenkte Mulden bei Vorliegen einer oder mehrerer Voraussetzungen (1–3 und 5).

5. Bereiche mit ausgeprägter Störungstektonik.

Neben diesen großtektonischen Voraussetzungen bilden kleintektonische Besonderheiten wie pulverförmige oder schuppige Bergehorizonte im Flözprofil, örtlich begrenzte Kohlenester mit Staubkohle sowie völlig zerriebene Faserkohlenhorizonte und mechanisch zerstörte Kohlen in der Umgebung tektonischer Störungen eindeutige Ursachen für das Einleiten von Auslaufvorgängen. Allein in Streben gehen 75% der Auslauffälle auf diese Voraussetzungen zurück, in Aufhauenbetrieben 80% und bei Abbaustreckenauffahrungen 100%. Der Anteil der untersuchten Auslauffälle in Streben beträgt dabei 68,4%, der in Aufhauen 17,7%, der bei Abbaustreckenauffahrungen 6,6%. Auf Grund der beim Abbau auf dem Strebvorfeld lastenden und entsprechend dem Abbaufortschritt wandernden Zusatzdruckzone unterliegt die Kohle starken abbaudynamischen Kräften. Hierdurch werden im anstehenden Kohlenstoß bis etwa 7 m Tiefe parallel zur Strebfront Bewegungsvorgänge ausgelöst, die, von der Schwerkraftwirkung unterstützt, das Flöz zermürben und die Auswanderung der Kohle in Richtung auf den bergmännischen Hohlraum unterstützen. Stark gefaltete Flöze sind in den Sätteln und Mulden bereits tektonisch vorzermürbt. Die Kohle im anstehenden

Kohlenstoß stellt sich daher als ein Vielkörper-System ohne Verlust seines makropetrographischen Aufbaus dar. Der Flözzusammenhalt beruht letztlich nur auf der innigen Verzahnung und „Verfilzung" der aufgelockerten Kohlestücke. Wird dieser Zusammenhalt bei Entlastung des Flözes aufgehoben, so setzt der Auslaufvorgang ein.

Drei Grundformen von Auslaufräumen können unterschieden werden. Ihre Entstehungsweise läßt sich folgendermaßen erklären:

Flächige Auslaufräume entstehen zumeist aus Abrissen von Firsten beim firstenartigen Verhieb. Sie bilden ein flaches, statisch stabiles Gewölbe. Die Kohle fällt meist grobstückig an, und der Auslaufbereich greift nur wenig über die Verbindungslinie der kohlenstoßseitigen Firstenecken hinaus.

Glockenförmige Auslaufräume sind nach grober Schätzung über 30–200 Quadratmeter groß. Sie besitzen eine symmetrische Form zu ihrer Mittelachse. Das Achslängenverhältnis beträgt etwa 1:1. Der feldwärtige Stoß der Auslaufglocke verläuft meist parallel zur Mittelachse, genau im Einfallen. Schlauchförmige Auslaufräume verlaufen ebenfalls einfallend. Sie erreichen Längen bis zu 50 m. Die Breiten betragen zwischen 2 und 5 m. Die Ansatzstellen befinden sich bevorzugt im oberen Strebdrittel. Die Entfernungen der Schnittpunkte der tatsächlichen oder projektierten Längsachse mit dem Kopfstreckenniveau bis zum Strebausgang betragen gewöhnlich 20–25 m.

Nach der aufgestellten Hypothese über den Mechanismus des Auslaufens besteht der Vorgang in einer schnellen, zeitlichen Aufeinanderfolge von drei Einzelvorgängen:

1. Druckaufbau über dem im allgemeinen vorzerklüfteten Flözstoß,

2. Zerstörung des Kohlenstoßes unter der Wirkung des Zusatzdruckes und

3. Entlastung des Flözstoßes in der Zeit Δt bis zum erneuten Aufbau des Zusatzdruckes über einem neuen, festen Widerlager im Abbauvorfeld.

Die Hypothese steht nicht im Widerspruch zu der im unmittelbaren Abbauvorfeld vorhandenen Entspannungszone der Flözkohle, da auch in dieser Zone noch Zusatzdruckkräfte wirksam sind, die jedoch zum Kohlenstoß hin auf den Wert Null abnehmen. Wie in den zehn typischsten und größten Auslauffällen nachgewiesen werden konnte, erstreckt sich der entfernteste feldwärtige Teil der Auslaufräume nicht weiter als 10–11 m, senkrecht zur Strebfront gemessen, in das Abbaufeld hinein. Die einfallend verlaufenden feldwärtigen Stöße von glocken- und schlauchförmigen Auslaufräumen entstehen, weil die auslaufende Kohle allein der Wirkung der einfallenden Schwerkraftkomponente unterliegt.

Ein früher vermuteter Zusammenhang zwischen auslaufgefährlichen Flözen und der Lage sowie Mächtigkeit einer Sandsteinbank im Hangenden oder Liegenden, wie sie in der Gebirgsschlagtheorie eine bedeutende Rolle spielt, geht aus den vorliegenden Untersuchungen nicht hervor. Gleichwohl wird Auslaufen von Kohle auf Grund von Gebirgsschlägen für möglich gehalten.

Kurzgefaßte Beschreibungen der vier Schrägbauarten und der Kohlengewinnung nach dem Rammverfahren auf überkipptem Abbaustoß

I. Schrägbau mit knappweisem Verhieb

Beim Schrägbau mit knappweisem Verhieb nach Abb. 23 wird der Kohlenstoß je nach der Gebirgsbeschaffenheit, vom Strebausgang bis zum Strebeingang

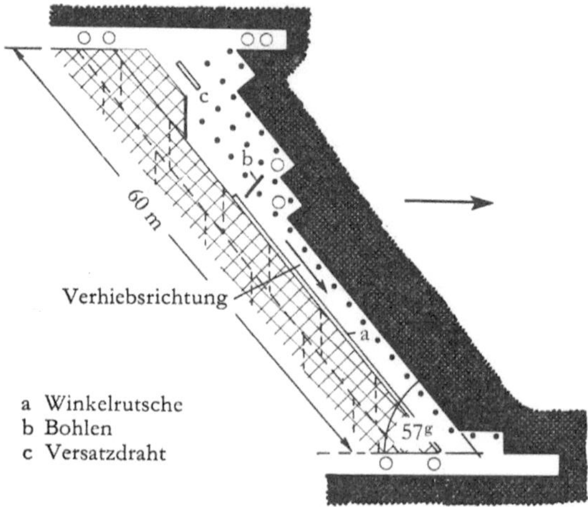

Abb. 23   Schrägbau mit knappweisem Verhieb

durchgehend, gleichzeitig in einem oder in mehreren Knäppen entlang der ganzen Strebfront fallend verhauen. Die Herstellung von Einbrüchen ist nur beim erneuten Ansetzen der Knäppe erforderlich. Diese Verhiebart, die rein bergtechnisch für jedes Einfallen zwischen 50 und 80ᵍ geeignet ist, hat zwar den Vorteil einer guten Gewinnungsleistung, allerdings erlaubt sie nur wenigen Leuten gleichzeitig am Kohlenstoß zu arbeiten. Für die Erreichung einer hohen Betriebspunktförderleistung ist der knappweise Verhieb daher nicht geeignet, weil sein Abbaufortschritt gering, die Organisation der Versatzeinbringung umständlich und die Bearbeitung des Kohlenstoßes – über die gesamte Streblänge betrachtet – ungleichmäßig ist.

II. Schrägbau mit firstenartigem Verhieb

Der firstenartige Verhieb mit streichenden Firsten nach Abb. 24, S. 125, hat den besonderen Vorteil einer größeren Anzahl von Angriffspunkten am Kohlenstoß,

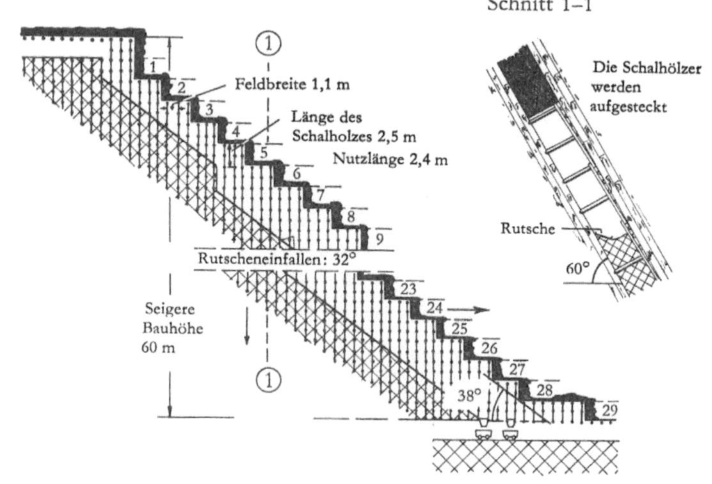

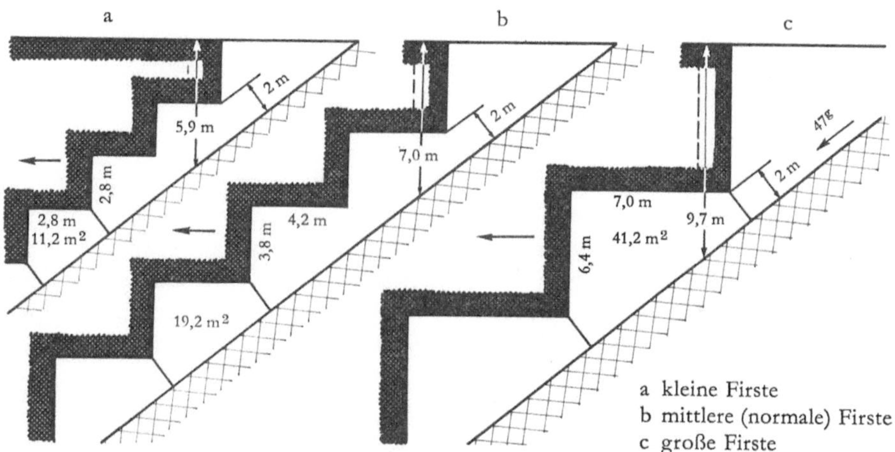

Abb. 24   Schrägbau mit firstartigem Verhieb

eine stärkere Belegung zuzulassen und damit eine höhere Betriebspunktförderleistung erreichen zu können. Der firstenartige Verhieb empfiehlt sich bei einem Einfallen über 50ᵍ, wird jedoch überwiegend beim Einfallen ab 65ᵍ angewendet. Die Verhiebart paßt sich einer wechselnden und gestörten Lagerung gut an, der Ausbau verläuft fallend, und, soweit er bereits im Versatz steht, wird er dadurch zusätzlich gegen Umschieben gesichert. Abhängig von der Länge der Firsten, die 2,5, 4 oder bis zu 7 m betragen können, wird von kleinen, mittleren und großen Firsten gesprochen. Die Größe der Firsten bestimmt, wie ebenfalls aus Abb. 24, zu entnehmen ist, die Belegungsdichte. Ebenfalls abhängig von der Firstenlänge ist die vom Ausbau zu tragende freigelegte Hangendfläche und die Größe des täglichen Abbaufortschrittes.

In einem Streb mit 150 m schräger Kohlenfrontlänge können 60 kleine Firsten mit je 2,5 m angesetzt werden. Bei dieser Firstengröße und 2 m Abstand der Firstenecken von der Versatzböschung errechnet sich die freigelegte Hangendfläche des gesamten Strebs zu 490 m². Bei mittleren Firsten von 4,5 × 4,5 m Größe wird die freigelegte Hangendfläche um 22% größer und beträgt 630 m², bei Abmaßen von 6,0 × 6,0 m und gleichem Versatzabstand ist die freie Hangendfläche um 35% größer und mißt 750 m². Dagegen verringert sich die höchste Belegungsdichte von 60 Mann bei kleinen Firsten um 50% auf 30 Mann bei mittlerer normaler Firstengröße und um 58,3% auf 25 Mann bei großen Firsten.

Im Hinblick auf die Auslaufgefährlichkeit ist ein kennzeichnender Nachteil des firstenartigen Verhiebes in der Einbruchsarbeit zu erblicken. Sie ist in jedem zu gewinnenden Feld an der Firste neu zu leisten.
Bedingt durch die gestufte Knappanordnung wird die Länge der Kohlenfront verlängert. Bei allen drei Firstengrößen beträgt die tatsächliche Länge der Kohlenfront in einem 150 m langen Streb 290 m, d. h. 93% mehr als die schräge Stoßlänge.

III. Schrägbau mit sägeblattartigem Verhieb

Der sägeblattartige Verhieb nach Abb. 25, stellt eine kleine Abwandlung des firstenartigen Verhiebs dar. Die Firsten sind nicht mehr streichend, sondern fallend angeordnet. Die zweckmäßige Belegungsdichte beträgt etwa nur $^2/_3$ derjenigen, die beim firstenartigen Verhieb möglich wäre. Vorteilhaft ist bei dieser Verhiebart der kleinere Versatzabstand zum Kohlenstoß, wodurch die Konvergenzbewegungen des Hangenden und Liegenden kleiner werden. Die Ausbau-

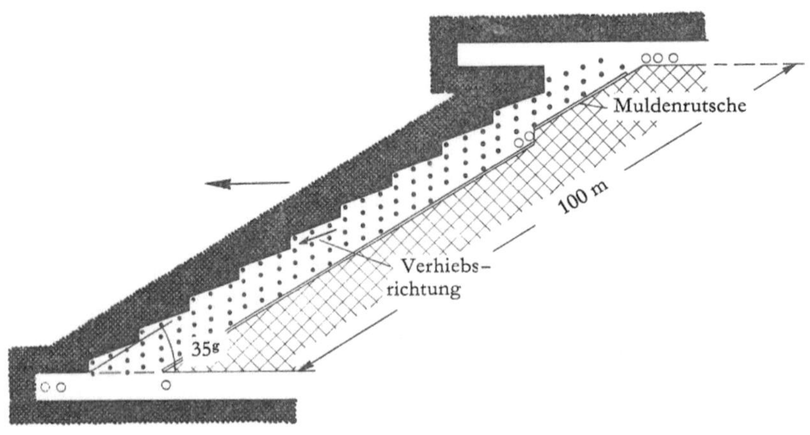

Abb. 25   Schrägbau mit sägeblattartigem Verhieb

126

reihen können in der Verhiebrichtung oder senkrecht zum Kohlenstoß angeordnet
werden. Von der zuerst genannten wird bei stark auslaufgefährlicher Kohle
gelegentlich Gebrauch gemacht. Die in Richtung des Flözeinfallens verlegten
Kappen finden im Versatz einen guten Halt und können nicht leicht umgeschoben
werden. Diese Ausbauanordnung behindert jedoch die Abförderung der Kohle
aus dem Streb und die Versatzeinbringung (auf toten Rutschen). Daher wird der
sägeblattartige Verhieb heute nur noch selten angewendet.

IV. Schrägbau mit Einbrüchen

Der Verhieb mit Einbrüchen (vgl. Abb. 26) stellt eine unmittelbare Übertragung
des streichenden Verhiebs von der flachen Lagerung in die steile Lagerung dar.
Sein Anwendungsbereich reicht jedoch nur bis zu einem Flözeinfallen von 60ᵍ,
weil bei größerem Einfallen die Kohlefallgefahr wesentlich steigt (vgl. die Ausführungen über den Gefährlichkeitsgrad auf S. 44) und die Herstellung der Einbrüche schwieriger wird. Das Verfahren erlaubt eine verhältnismäßig gute Aus-
nutzung der Kohlefront und der Versatzabstand ist kleiner als bei allen übrigen
Verhiebarten. Allerdings ist der Verhieb mit Einbrüchen nur dann zweckmäßig,
wenn die Kohle verhältnismäßig weich und lagenreich ist, da andernfalls die Einbruchsarbeit zu stark leistungsmindernd wirkt.

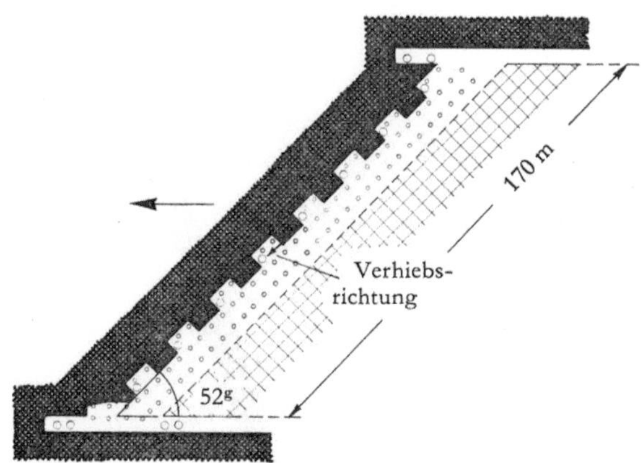

Abb. 26   Schrägbau mit Einbrüchen

V. Kohlengewinnung nach dem Rammverfahren
   auf überkipptem Kohlenstoß

Zu den bislang üblichen Bauweisen mit überhängendem Kohlenstoß und liegendem Versatz hat sich im Ruhrgebiet das seit 1958 in Peißenberg entwickelte
Rammverfahren auf überkipptem Kohlenstoß und mit aufgehängtem Versatz

gesellt. Durch die Überkippung entsteht zwischen Kohlenstoß und Nebengestein eine natürliche Führungsrinne, in welcher der von einer unteren und einer oberen Antriebsstation an einer endlosen Rundglieder-Panzerkette gezogene Rammkörper entlangläuft, und in der die gelöste Kohle abwärts gleitet. Wegen des überkippten Kohlenstoßes kann auf Andruckmittel für den Rammkörper verzichtet werden. Die Überkippung bewirkt ferner eine Verbesserung des Nebengesteins, weil es sich durch den auftretenden Schub gegen das unverritzte Gebirge abstützen kann. Das Verfahren muß eine stempelfreie Abbaufront erlauben. Die Überkippung wird so gewählt, daß einerseits der Ausbau nicht durch herabgleitende Kohle weggeschlagen werden kann, und daß andererseits die Berge bei einem Einfallen oberhalb des Gleitwinkels in den zurückliegenden Versatzfeldern noch rutschen. In jedem Falle sind beim Überkippen des Strebs die Klüfte im Hangenden zu berücksichtigen. Der Überkippungswinkel liegt in der Regel zwischen 15–40ᵍ, da der Strebausgang in der Kopfstrecke je nach dem Einfallen und der Kohlenfestigkeit um 20–30 m vorgesetzt wird.

Entgegen den ursprünglichen Befürchtungen hat sich der überhängende Versatz bewährt, weil er vom Bergmann leichter beherrscht werden kann als ein überhängender Kohlenstoß. Das Rammverfahren kann bis zu 100ᵍ bei jedem Flözeinfallen angewendet werden; das Einfallen der Kohleböschung muß jedoch oberhalb des Kohlegleitwinkels liegen. (Vgl. Abb. 27).

Während der Kohlengewinnung und während des Versetzens ist kein Hauer im Streb, so daß Unfälle durch Stein- oder Kohlenfall nicht eintreten können.

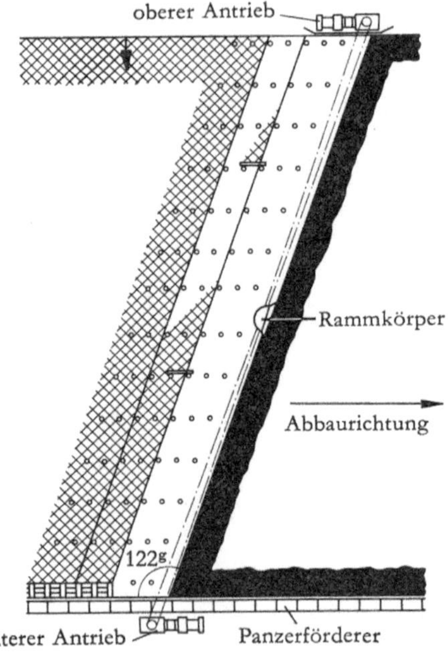

Abb. 27   Rammen am überkippten Kohlenstoß

Während der Ausbauschicht sind die Ausbauer durch die Überkippung des Kohlenstoßes und durch in die Rammkette eingehängte, vorläufige Bühnen gegen Stein- und Kohlenfall geschützt.

Da die Schwerkraftkomponente beim Abbau auf überkipptem Kohlenstoß immer *in* den Kohlenstoß wirkt, besteht *keine* Auslaufgefahr der Kohle. Eine geringe Gefahr könnte lediglich durch schubartiges Abrutschen größerer Massen gerammter Kohle auf dem liegenden Abbaustoß entstehen.

Literaturverzeichnis

[1] KUKUK, P., Geologie des Niederrheinisch-Westfälischen Steinkohlenbezirks. Berlin 1938. S. 239.

[2] HEINZE, G., Härte- und Festigkeitsuntersuchungen an Kohlen, insbesondere an Ruhrkohlen. Diss. Münster 1955, Bergbau-Archiv 19 (1958), Heft 1/2.

[3] VAN KREVELEN, D. W., Physikalische Eigenschaften und chemische Struktur der Steinkohle. Brennstoff-Chemie 34 (1953), S. 167–182.

[4] HAHNE, Richtschichtenschnitte des Ruhrbezirks.

[5] DAEVES, K., und A. BECKEL, Großzahlmethodik und Häufigkeitsanalyse. Verlag Chemie, Weinheim 1958.

[6] FRITZSCHE, C. H., Bergbaukunde. Bd. 2, 9. Aufl. 1958. S. 234 ff.

[7] JACOBI, O., Der Druck auf Flöz und Versatz. Glückauf 96 (1960), Heft 7, S. 409–418.

[8] HOFFMANN, H., Der deutsche Steinkohlenbergbau. Bd. 2. Essen 1956. S. 806–807.

[9] JAHNS, H., Anlage 4 zu Punkt 4 der Tagesordnung, 12. Sitzung des Colloquiums für steile Lagerung (13. 1. 1959).

[10] HOFFMANN, H., Über das Problem des Ganges der Kohle. Mitteilungen aus dem Markscheidewesen 68 (1961), Heft 3, S. 71. Messungen der Auswanderung der Kohle in Flözen der steilen Lagerung auf der Versuchsgrube Tremonia (unveröffentlicht).

[11] MÜLLER, L., Leobener Bergmannstag (11.–18. 9. 1962). Montan-Verl., Wien 1962.

[12] HOFFMANN, H., Unser heutiges Wissen über gebirgsmechanische Vorgänge unter dem Einfluß des Bergbaus. T. 1–2. Archiv für Technisches Messen (1960), 8215-16–18, Juni, Juli, August.

[13] HOFFMANN, H., Der deutsche Steinkohlenbergbau. Bd. 2. Essen 1956. S. 791–794.

[14] HOFFMANN, H., Gebirgsschläge beim Steinkohlenbergbau und ihre Bekämpfung. In: Der deutsche Steinkohlenbergbau. Bd. 2. Essen 1956. S. 802.

[15] JAHNS, H., Die Wirksamkeit des Entspannungsschießens in einem gebirgsschlaggefährdeten Flöz. Glückauf 99 (1963), S. 1100–1109.

Für den mathematischen Teil:

DOHMEN, F., Das Verfahren nach DAEVES-BECKEL, ein Hilfsmittel bei bergwirtschaftlichen und bergtechnischen Untersuchungen. Berg- und Hüttenmännische Mh 101 (1956), S. 189–207.

FISZ, M., Wahrscheinlichkeitsrechnung und mathematische Statistik. Dt. Verl. d. Wissenschaften, Berlin 1962.

HOEL, P. G., Introduction to mathematical Statistics. New York 1954.

KANTOR, J., Untersuchungen zur Bestimmung des Einflusses der streichenden Baulänge auf die Leistung im Abbau und auf den Schichtenaufwand in der Abbaustreckenunterhaltung beim Strebbau mit Hilfe der Einflußgrößenrechnung. Diss. Aachen 1960.

LINDER, A., Statistische Methoden für Wissenschaftler. 2. Aufl. Basel 1951.

WIX, F., Die Technik des graphischen Auswertens von Häufigkeitsverteilungen. Bergbauarchiv 18 (1957), Heft 2.

Für den gebirgsmechanischen Teil:

FIEBIG, H., Die Ausbildung der Wittener Schichten. Glückauf 91 (1955), S. 1181–1187.

HERRMANN, A., Über das Ausfließen von Rohfeinkohle aus Bunkern. Bergbautechnik 9 (1959), S. 175–189.

HOFFMANN, H., und W. GRÄBSCH, Einwirkungen des Bergbaus unter Tage (Gebirgsmechanik). In: Der Deutsche Steinkohlenbergbau. Bd. 2. Glückauf-Verl., Essen 1956. S. 665 ff.

HOFFMANN, H., Beitrag zur Analyse der Gebirgsbewegungen. Mitteilungen aus dem Markscheidewesen 1950, S. 24–38.

HOFFMANN, H., Über das Problem des Ganges der Kohle. Mitteilungen aus dem Markscheidewesen 1961, S. 71–80.

KUKUK, P., Geologie des Niederrheinisch-Westfälischen Steinkohlenbezirks. Berlin 1938.

KUKUK, P., Flözunregelmäßigkeiten nichttektonischer Art. Glückauf 72 (1936), S. 1021 bis 1029.

LEHMANN, K., Das tektonische Bild des Rheinisch-Westfälischen Steinkohlengebirges. Glückauf 56 (1920), S. 1, 21 und 41.

MOHR, F., Gebirgsmechanik. Hübener, Goslar 1963.

OBERSTE-BRINK, Die Entwicklung der Flöze Sonnenschein bis Dickebank. Archiv f. bergbauliche Forschung 2 (1941), S. 21–30.

OBERSTE-BRINK, Die Ausbildung der unteren Fettkohlenschichten. Glückauf 65 (1929), S. 1057–1067.

PILGER, A., Der tektonische Bau des Ruhrkarbons. Bergbau-Rundschau 8 (1956), S. 400–405.

REISNER, W., Bewegungsvorgänge im Schüttgut beim Ausfließen aus einem Bunker. Bergbauwissenschaften 9 (1962), S. 85–88.

STEPHAN, C. H., Gebirgsdruck und mechanische Kohlengewinnung. Glückauf 86 (1950), S. 940.

FORSCHUNGSBERICHTE
DES LANDES NORDRHEIN-WESTFALEN

Herausgegeben im Auftrage des Ministerpräsidenten Dr. Franz Meyers
von Staatssekretär Prof. Dr. h. c. Dr.-Ing. E. h. Leo Brandt

BERGBAU

HEFT 16
Max-Planck-Institut für Kohlenforschung,
Mülheim/Ruhr
Arbeiten des MPI für Kohlenforschung
1953. 96 Seiten, 9 Abb. Vergriffen

HEFT 25
Gesellschaft für Kohlentechnik mbH., Dortmund-Eving
Struktur der Steinkohlen und Steinkohlen-Kokse
1953. 51 Seiten. Vergriffen

HEFT 30
Gesellschaft für Kohlentechnik mbH., Dortmund-Eving
Kombinierte Entaschung und Verschwelung von
Steinkohle. Aufarbeitung von Steinkohlenschläm-
men zu verkokbarer oder verschwelbarer Kohle
1953. 49 Seiten, 16 Abb., 10 Tabellen. DM 10,50

HEFT 31
Technischer Überwachungsverein e. V., Essen
Messung des Leistungsbedarfs von Doppelsteg-
Kettenförderern
1953. 43 Seiten, 18 Abb., 3 Anlagen. DM 11,—

HEFT 40
Amt für Bodenforschung, Krefeld
Untersuchungen über die Anwendbarkeit geophy-
sikalischer Verfahren zur Untersuchung von Spat-
eisengängen im Siegerland
1953. 39 Seiten, 8 Abb. DM 8,80

HEFT 58
Gesellschaft für Kohlentechnik mbH., Dortmund-Eving
Herstellung und Untersuchung von Steinkohlen-
schwelteer
1953. 58 Seiten, 9 Abb., 9 Tabellen. DM 13,75

HEFT 120
Dipl.-Ing. A. Weisbecker, Lüdenscheid
Über Anfressung an Reinstaluminium-Schweiß-
nähten bei der elektrolytischen Oxydation
Gebr. Hörstermann GmbH., Velbert
Entwicklung und Erprobung eines neuartigen
Gummibandförderers
1955. 32 Seiten, 18 Abb. DM 9,70

HEFT 123
Dipl.-Ing. J. Emondts, Institut für Markscheidewesen,
Bergschadenskunde und Geophysik im Bergbau an der
Rhein.-Westf. Technischen Hochschule Aachen
Über Bodenverformungen bei stark gestörtem und
mächtigem, wasserführendem Deckgebirge im
Aachener Steinkohlengebiet
1955. 85 Seiten, 37 Abb., 10 Tabellen. DM 28,80

HEFT 139
Prof. Dr. phil. Walter Fuchs †, Aachen
Studien über die thermische Zersetzung der Kohle
und die Kohlendestillatprodukte
1955. 48 Seiten, 20 Abb., 22 Tabellen. DM 11,80

HEFT 179
Dipl.-Ing. H. F. Reinecke, Bochum
Entwicklungsarbeiten auf dem Gebiete der Meß-
und Regeltechnik
1955. 34 Seiten, 10 Abb. DM 10,—

HEFT 248
Rheinische Aktiengesellschaft für Braunkohlenbergbau
und Brikettfabrikation, Köln
Untersuchung der Bindemitteleigenschaften von
Braunkohlenfilteraschen
1956. 166 Seiten, 26 Abb., 30 Tabellen. DM 35,60

HEFT 252
Dipl.-Ing. Hermann Frings, Geilenkirchen
Die Wirkung abfallender Wetterführung auf Wet-
tertemperatur, Grubengasgehalt und Staubbildung
1957. 118 Seiten, 15 Abb., 23 Tabellen,
z. T. auf Falttafeln. DM 35,70

HEFT 253
Dipl.-Ing. S. Schirmanski, Berghausen
Stand und Auswertung der Forschungsarbeiten
über Temperatur- und Feuchtigkeitsgrenzen bei
der bergmännischen Arbeit
1956. 69 Seiten, 24 Abb., 12 Tabellen. DM 17,10

HEFT 258
Dr. med. Helmut Paul und Prof. Dr. Otto Graf,
Sozialforschungsstelle an der Universität Dortmund
Zur Frage der Unfälle im Bergbau
1956. 41 Seiten, 9 Abb., 22 Tabellen. DM 11,20

HEFT 269
Markscheider Rudolf Bals, Bochum
Eignung des Gebirgsankerausbaus zur Erleichte-
rung des Streckenvortriebs im Steinkohlenbergbau
1956. 73 Seiten, 41 Abb. DM 18,75

HEFT 337
Dr. rer. nat. Rolf Hoeppener und
Dr. rer. nat. Wilhelm Bierther, Geologisch-Paläontolo-
gisches Institut der Universität Bonn
Direktor: Prof. Dr. phil. Roland Brinkmann
Tektonik und Lagerstätten im Rheinischen Schiefer-
gebirge
1957. 66 Seiten, 14 Abb. DM 16,25

HEFT 343
Prof. Dr.-Ing. habil. Wilhelm Petersen und
Dipl.-Ing. Siegfried Wawroschek, Aachen
Die zweckmäßigsten Gütebestimmungsverfahren
und Brikettierungsbedingungen bei der Erzeugung
von Braunkohlen-Eisenerz-Briketts
1956. 52 Seiten, 28 Abb. DM 13,95

HEFT 346
Dipl.-Ing. Otto Arnold, Aachen
Erfahrungen mit Kernbohrungen zur Lagerstätten-
untersuchung im Erzbergbau
1957. 25 Seiten, 5 Abb., 7 Tabellen. DM 8,80

HEFT 352
Dipl.-Ing. Hermann Fauser, Institut für Bergwerks- und
Hüttenmaschinenkunde der Rhein.-Westf. Technischen
Hochschule Aachen
Institutsdirektor: Prof. Dr.-Ing. Heinrich Koch
Fahrdynamik und Batterie-Arbeitsverbrauch von
Akkumulatorenlokomotiven im Untertagebetrieb
1957. 143 Seiten, 50 Abb., 27 Diagramme. DM 36,10

HEFT 374
Dr. Eva Paproth, Amt für Bodenforschung, Krefeld
Paläontologische Bearbeitung der in den devoni-
schen Schichten des Siegerlandes enthaltenen
Faunen
1957. 27 Seiten, 3 Tabellen. DM 8,30

HEFT 399
Prof. Dr. phil. nat. habil. Hans-Ernst Schwiete nnd
Dr.-Ing. Reinhard Vinkeloe, Aachen
Möglichkeiten der quantitativen Mineralanalyse mit
dem Zählrohrgerät unter besonderer Berücksichtigung der Mineralgehaltsbestimmung von Tonen
1958. 88 Seiten, 34 Abb., 1 Tabelle. DM 26,70

HEFT 477
Sozialforschungsstelle an der Universität Münster,
Dortmund
Beiträge zur Soziologie der Gemeinden. Teil I:
Dr. phil. Kurt Utermann, Dortmund
Freizeitprobleme bei der männlichen Jugend einer
Zechengemeinde
1957. 44 Seiten. DM 12,75

HEFT 478
Prof. Dr.-Ing. habil. Wilhelm Petersen und
Dr.-Ing. Siegfried Wawroschek, Dozentur für Briket-
tierung an der Rhein.-Westf. Technischen Hochschule
Aachen
Birkettierungsversuche zur Erzeugung von Möller-
briketts unter Verwendung von Braunkohle
1957. 90 Seiten, 42 Abb., 6 Tabellen. DM 24,25

HEFT 484
Prof. Dr. phil. nat. habil. Hans-Ernst Schwiete und
Dr. Gisela Franzen, Institut für Gesteinshüttenkunde
der Rhein.-Westf. Technischen Hochschule Aachen
Beitrag zur Struktur des Montmorillonit
1958. 74 Seiten, 20 Abb., 10 Tabellen. DM 22,—

HEFT 490
Forschungsarbeiten auf dem Gebiet der Staub- und
Silikosebekämpfung im Steinkohlenbergbau.
Im Auftrage der Forschungsgemeinschaft »Staub-
und Silikosebekämpfung«, Essen
1958. 90 Seiten, 47 Abb., 7 Tabellen. DM 26,20

HEFT 502
Prof. Dr. Max Diem und Dr. Rüdiger Trappenberg,
aus dem Meteorologischen Institut der Technischen Hoch-
schule Karlsruhe
Berechnung der Ausbreitung von Staub und Gas
1957. 18 Seiten Text und 67 z. T. großformatige
zweifarbige Diagramme. DM 37,30

HEFT 511
Dipl.-Ing. Hans Wahl, Dipl.-Ing. Georg Kantenwein
und Dipl.-Ing. Wilfried Schäfer, Im Auftrage des
Steinkohlenbergbauvereins Essen
Gesteinsbohr-Modellversuche zur Frage des Dreh-
bohrens, Schlagbohrens, Drehschlagbohrens und
Rollenmeißelbohrens
1958. 258 Seiten, 167 Abb. DM 52,—

HEFT 518
Dr.-Ing. Heinz Scheffler, Max-Planck-Institut für
Arbeitsphysiologie, Dortmund
Funktionelle Zusammenhänge der dynamischen
Einflußgrößen beim handgeführten Druckluft-
Abbauhammer und ihre Berücksichtigung für die
Konstruktion rückstoßarmer Hämmer
1958. 124 Seiten, 68 Abb., 11 Tabellen. DM 34,65

HEFT 522
Dr.-Ing. Joachim Lorentz, Bonn, und
Dr.-Ing. Karlheinz Brocks, Mülheim/Ruhr
Elektrische Meßverfahren in der Geodäsie
1958. 108 Seiten, 49 Abb., 5 Tabellen. DM 28,—

HEFT 534
Forschungsgemeinschaft Ewald-König Ludwig
Seismische Forschungsarbeiten im Ostteil des Grubenfeldes König Ludwig
1958. 74 Seiten, 34 Abb. (z. T. mehrfarbig),
4 Tabellen. DM 42,80

HEFT 545
Prof. Dr. phil. nat. habil. Hans-Ernst Schwiete,
Dr. rer. nat. Günther Ziegler und
Dipl.-Ing. Christoph Kliesch, Institut für Gesteins-
hüttenkunde der Rhein.-Westf. Technischen Hochschule
Aachen
Thermochemische Untersuchungen über die Dehy-
dration des Montmorillonits
1958. 48 Seiten. 16 Abb., 4 Tabellen. DM 15,40

HEFT 559
Prof. Dr. phil. nat. habil. Hans-Ernst Schwiete und
Dipl.-Chem. Rainer Gauglitz, Institut für Gesteins-
hüttenkunde der Rhein.-Westf. Technischen Hochschule
Aachen
Die Verflüssigung von Montmorillonitschlämmen
1958. 65 Seiten, 15 Abb., 5 Tabellen. DM 19,30

HEFT 562
Prof. Dr.-Ing. Hermann Schenck,
Prof. Dr. phil. habil. Norbert G. Schmahl und
Dr.-Ing. Götz Funke, Institut für Eisenhüttenwesen
der Rhein.-Westf. Technischen Hochschule Aachen
Die Reduzierbarkeit von Eisenerzen
1958. 101 Seiten, 89 Abb., 10 Tabellen. DM 19,25

HEFT 575
Prof. Dr. phil. habil. Carl Kröger, Aachen
Verkokungsverhalten der Steinkohlenmacerale und
ihrer Mischungen
1958. 58 Seiten, 18 Abb., 19 Tabellen. DM 18,70

HEFT 580
Prof. Dr.-Ing. habil. August Götte und
Dr.-Ing. Gisela Scholz, Institut für Aufbereitung,
Kokerei und Brikettierung der Rhein.-Westf. Technischen
Hochschule Aachen
Unterstützung der Entwässerung von Feinkohle
durch chemische Hilfsmittel
1958. 245 Seiten, 28 Abb., zahlr. Tabellen. DM 52,50

HEFT 603
Prof. Dr.-Ing. Ludolf Engel und
Dr.-Ing. Jochen Foerster, Bergakademie Clausthal-
Zellerfeld
Gummielastische Stoffe als Dämpfungselemente an
schlagenden Werkzeugen
1958. 48 Seiten, 36 Abb. DM 14,70

HEFT 625
Prof. Dr.-Ing. habil. Wilhelm Petersen und
Dr.-Ing. Siegfried Wawroscheck, Dozentur für Briket-
tierung an der Rhein.-Westf. Technischen Hochschule
Aachen
Brikettierungsversuche zur Erzeugung von Möller-
briketts für die Schwelverhüttung
1958. 90 Seiten, 37 Abb., 8 Tabellen. DM 22,40

HEFT 665
Dr. habil. Reinhard Köhler und
Dr.-Ing. Walter Ostermann, Westfälische Berggewerk-
schaftskasse Bochum
Geräuschuntersuchungen an Druckluftmotoren
1958. 39 Seiten, 21 Abb. DM 12,50

HEFT 686
Dr.-Ing. Dietrich Wartenberg, Bergakademie Claus-
thal-Zellerfeld
Untersuchungen über die Stromzuführung und den
elektrischen Antrieb beim Vermessungskreisel
1959. 40 Seiten, 14 Abb., 3 Tabellen. DM 11,80

HEFT 698
Prof. Dr.-Ing. Franz Kollmann, Institut für Holzfor-
schung und Holztechnik der Universität München
Die Eigenschaftsänderungen von Grubenholz nach
Schutzsalzimprägnierung
1959. 94 Seiten, 60 Abb., 24 Tabellen. DM 25,20

HEFT 712
Gesellschaft zur Förderung der Forschung auf dem Gebiet
der Bohr- und Schießtechnik e. V., Essen
Untersuchungen über das Drehschlagbohren
1959. 56 Seiten, 56 Abb., 1 Tabelle. DM 16,80

HEFT 713
Dr.-Ing. Ernst Menzenbach, Institut für Verkehrs-
wasserbau, Grundbau und Bodenmechanik der Rhein.-
Westf. Technischen Hochschule Aachen
Die Anwendbarkeit von Sonden zur Prüfung der
Festigkeitseigenschaften des Baugrundes
1959. 215 Seiten, 190 Abb., 24 Tabellen. Vergriffen

HEFT 727
Prof. Dr. phil. habil. Carl Kröger, Institut für Brenn-
stoffchemie der Rhein.-Westf. Technischen Hochschule
Aachen
Eigenschaften und chemische Konstitution der
Steinkohlenmacerale
1959. 59 Seiten, 27 Abb., 16 Tabellen. DM 16,20

HEFT 743
Dr.-Ing. Walter Eckmann, Dortmund
Untersuchungen über konstruktive und elektrische
Maßnahmen zur Schwingzeitverkürzung beim
Vermessungskreisel
1959. 72 Seiten, 32 Abb., 10 Tabellen. DM 19,—

HEFT 750
Dipl.-Geologe Manfred Reinhardt, Horrem
Schlechtenuntersuchungen in den Flözen des
Aachener Steinkohlengebirges
1959. 106 Seiten, 26 Abb., mehr. Anlagen.
DM 27,—

HEFT 754
Prof. Dr. Franz Lotze und Dr. Ulrich Rosenfeld,
Münster
Beiträge zur Frage der Stockwerktektonik im
Ruhrkohlengebiet I
1960. 140 Seiten, 30 Abb., 17 Profile,
1 Karte. DM 49,—

HEFT 755
Dr.-Ing. Hans Klein, Hessische Berg- und Hüttenwerke,
Wetzlar
Palynologisch-stratigraphische Untersuchungen in
den Grenzflözen der Mittleren und Oberen Essener
Schichten (Westfal B) im mittleren Ruhrgebiet im
Bereich der Emscher-Mulde
1959. 85 Seiten, 18 Abb., 4 Tafeln. DM 23,30

HEFT 762
Dipl.-Ing. Willi Götzmann, Bochum
Entwicklung von Geräten für die Messung von
Förderseil- und Fördermaschinenschwingungen
Teilbericht: Gerät zur Messung der Beschleuni-
gungskomponenten an vertikal und horizontal
schwingenden Förderkörben oder -gefäßen
1959. 35 Seiten, 20 Abb. DM 11,20

HEFT 782
Dr.-Ing. Karl Werner, Essen
Temperatur und Dehnungsmessungen in einem
Gefrierschacht
1960. 80 Seiten, 25 Abb., 9 Tabellen. DM 25,30

HEFT 783
*Dipl.-Ing. Berthold Hornemann, Forschungsstelle für
Gebirgsdruck und Schachtbau Essen*
Haftzugversuche auf dem Gebiete des Schacht-
ausbaues
1960. 22 Seiten, 14 Abb., 9 Tabellen. DM 9,—

HEFT 851
*Prof. Dr. Karl Rode, Geologisches Institut der Rhein.-
Westf. Technischen Hochschule Aachen*
Die Dolomite am Nordwest-Abfall des Hohen
Venns im Raume Aachen-Stolberg
*1960. 52 Seiten, 15 Abb., 4 Tabellen,
5 Anlagen. DM 18,40*

HEFT 861
*Prof. Dr.-Ing. habil. Gerhard Sonntag, Technische
Hochschule München*
Spannungsoptische und theoretische Untersuchungen der Beanspruchung geschichteter Gebirgskörper in der Umgebung einer Strecke
1960. 89 Seiten, 38 Abb. DM 25,10

HEFT 893
*Dr. rer. nat. Umit Tümer, U. T. A.-Enstitüsü,
Ankara/Türkei*
Die Tektonik im Ostteil des Velberter Sattel
(Rheinland)
*1960. 57 Seiten, 28 Abb., 1 Tabelle,
1 Tafel. DM 17,90*

HEFT 909
*Dipl.-Volksw. Dr. Alfred Plitzko, Institut für
Wirtschaftswissenschaften an der Rhein.-Westf. Technischen Hochschule Aachen*
Bemerkungen zu den Wettbewerbsbedingungen
zwischen Kohle und Erdöl
1960. 76 Seiten, 3 Abb., 36 Tabellen. DM 20,60

HEFT 939
*Prof. Dr.-Ing. habil. Wilhelm Petersen und
Dipl.-Ing. Hans Mingenbach, Dozentur für Brikettierung der Rhein.-Westf. Technischen Hochschule Aachen*
Untersuchungen über die Herstellung von Erz-
briketts
1961. 83 Seiten, 67 Abb., 2 Tabellen. DM 25,60

HEFT 945
*Prof. Dr. Franz Lotze und Dr. Rolf Schmidt,
Münster*
Beiträge zur Frage der Stockwerktektonik im
Ruhrkohlengebiet II
1961. 66 Seiten, 39 Abb., 2 Tabellen. DM 28,30

HEFT 947
*Dr.-Ing. Dietrich Wartenberg, Westfälische Bergge-
werkschaftskasse, Bochum*
Wachstumsgesetz beim Vermessungskreiselkompaß
1961. 38 Seiten, 1 Abb., 3 Tabellen. DM 11,30

HEFT 954
*Dipl.-Ing. Helmut Grupe, Westfälische Berggewerk-
schaftskasse, Bochum*
Entwicklung einer Einrichtung zur Prüfung von
Förderseilen nach dem magnetinduktiven Ver-
fahren *1961. 71 Seiten, 62 Abb. DM 23,60*

HEFT 993
*Prof. Dr.-Ing. habil. August Götte und
Dipl.-Ing. Manfred Schäfer, Institut für Aufbereitung,
Kokerei und Brikettierung der Rhein.-Westf. Technischen
Hochschule Aachen*
Untersuchungen über die Entwässerung durch
Heizöl umbenetzter Steinkohlenschlämme, insbe-
sondere über das »Convertol«-Verfahren
1961. 120 Seiten, 51 Abb., 53 Zahlentafeln. DM 35,40

HEFT 999
*Prof. Dr. Franz Lotze, Geologisch-Paläontologisches
Institut der Universität Münster,
Prof. Dr. Walter Semmler, Essen, Dr. Klaus Kötter,
Essen, und F. Mausolf †*
Hydrogeologie des Westteils der Ibbenbürener
Karbonscholle
1962. 113 Seiten, 45 Abb., 8 Tabellen. DM 36,90

HEFT 1017
*Prof. Dr. Karl Rode, Geologisches Institut der Rhein.-
Westf. Technischen Hochschule Aachen*
Bestandsaufnahme des quarzitischen Sandsteins
im Oberkarbon östlich von Aachen und des
linksrheinischen Koblenzquarzits
*1961. 83 Seiten, 3 Abb., 4 Tafeln,
2 Anlagen. DM 25,30*

HEFT 1050
*Dipl.-Geol. Dr. Johannes Hartlieb, Geologisches Lan-
desamt Nordrhein-Westfalen, Krefeld*
Regionale Erfassung der Tonsteine des rheinisch-
westfälischen Steinkohlengebirges und Versuch
ihrer Auswertung als Leithorizonte
*1961. 146 Seiten, 31 Abb., 14 Tafeln,
16 Anlagen. DM 47,—*

HEFT 1058
*Dipl.-Bergingenieur Joachim B. Rolfes, im Auftrage
der Gewerkschaft Wohlfahrt, Dillenburg*
Der Vergasungsversuch unter Tage von Breit-
scheid/Dillkreis
*1962. 137 Seiten, 47 Abb., zahlreiche Anlagen.
DM 45,30*

HEFT 1079
Prof. Dr.-Ing. habil. August Götte und
Dipl.-Ing. Wilfried Flöter, Institut für Aufbereitung,
Kokerei und Brikettierung der Rhein.-Westf. Technischen
Hochschule Aachen
Untersuchungen zur Wirkung von Flockungs-
mitteln und deren Einfluß auf Flotation und
Entwässerung feiner Steinkohle
1962. 129 Seiten, 48 Abb., 29 Tafeln, 6 Anlagen.
DM 55,50

HEFT 1080
Prof. Dr.-Ing. Ludolf Engel,
Bergakademie Clausthal
Theorie der handgeführten schlagenden Druckluft-
werkzeuge und experimentelle Untersuchungen
insbesondere an Abbauhämmern im normalen
und abnormalen Betrieb
1962. 86 Seiten, 53 Abb., 4 Tabellen. DM 39,—

HEFT 1138
Oberlandesgeologe Priv.-Doz. Dr. Herbert Karrenberg,
Landesgeologe Dr. Harald Kühn-Velten,
Dipl.-Geologe Horst Schellhorn, Dr. Gerhard Stadtler
und Landesgeologe Dr. Richard Wolters, Geologisches
Landesamt Nordrhein-Westfalen, Krefeld
Geologische und bodenmechanische Ursachen von
Rutschungen, Gleitungen und Bodenfließen
1963. 89 Seiten, 59 Abb., 4 Tabellen. DM 47,—

HEFT 1160
Prof. Dr. Franz Lotze, Direktor des Geologisch-
Paläontologischen Instituts der Universität Münster
Dr. Horst Zimmermann, Geologisch-Paläontologisches
Institut der Universität Münster
Beiträge zur Frage der Stockwerktektonik im
Ruhrkohlengebiet III
Srörungsform und -häufigkeit sowie Faltenform in
Abhängigkeit von der Gesteinsausbildung im Ge-
biet südlich Bochum
1963. 86 Seiten, 35 Abb., 3 Tafeln. DM 39,50

HEFT 1189
Prof. Dr.-Ing. E. h. Dr. phil. Oskar Niemczyk †,
Berlin, und Dipl.-Ing. Heinz Wesemann, Bochum
Beitrag zur Wiederherstellung des trigonometri-
schen Festpunktfeldes in geschlossenen, umfang-
reichen Bergbaugebieten
1963. 65 Seiten, 10 Abb., 13 Tabellen, 6 Anlagen.
DM 39,—

HEFT 1197
Priv.-Doz. Dr. Dieter Richter, Forschungsstelle für
regionale und angewandte Geologie des Geologischen Insti-
tuts der Rhein.-Westf. Technischen Hochschule Aachen
Schiefrigkeit und tektonische Achsen im Gebiet des
Velberter Sattels (Rheinisches Schiefergebirge)
1963. 34 Seiten, 8 Abb., 2 Tafeln. DM 18,—

HEFT 1198
Priv.-Doz. Dr. Dieter Richter, Forschungsstelle für
regionale und angewandte Geologie des Geologischen Insti-
tuts der Rhein.-Westf. Technischen Hochschule Aachen
Die δ-Achsen und ihre räumlich-geometrischen
Beziehungen zu Faltenbau und Schiefrigkeit
1963. 52 Seiten, 15 Abb., 4 Tabellen. DM 24,80

HEFT 1199
Dipl.-Ing. Hans Furtak und
Dipl.-Ing. Eberhard Hellermann, Forschungsstelle für
regionale und angewandte Geologie des Geologischen Insti-
tuts der Rhein.-Westf. Technischen Hochschule Aachen
Die tektonische Verformung von pflanzlichen
Fossilien des Karbons
1963. 37 Seiten, 20 Abb., 1 Tabelle. DM 19,80

HEFT 1200
Dipl.-Ing. Hans Furtak, Forschungsstelle für regionale
und angewandte Geologie des Geologischen Instituts der
Rhein.-Westf. Technischen Hochschule Aachen
Die »Brechung« der Schiefrigkeit
1963. 33 Seiten, 17 Abb. DM 16,—

HEFT 1201
Prof. Dr. Hans Breddin, Forschungsstelle für regionale
und angewandte Geologie des Geologischen Instituts der
Rhein.-Westf. Technischen Hochschule Aachen
Zur geometrischen Tektonik des altdevonischen
Grundgebirges im Siegerland (Rheinisches Schie-
fergebirge)
1963. 65 Seiten, 24 Abb. DM 29,40

HEFT 1202
Prof. Dr. Hans Breddin und
Dipl.-Ing. Eberhard Hellermann, Forschungsstelle für
regionale und angewandte Geologie des Geologischen Insti-
tuts der Rhein.-Westf. Technischen Hochschule Aachen
Petrogene Mineralgänge im Paläozoikum der
Nordeifel und ihre Beziehungen zur inneren De-
formation der Gesteine
1963. 42 Seiten, 13 Abb. DM 16,—

HEFT 1203
Priv.-Doz. Dr. Dieter Richter, Forschungsstelle für
regionale und angewandte Geologie des Geologischen Insti-
tuts der Rhein.-Westf. Technischen Hochschule Aachen
Der geologische Bau des südwestlichen Teiles des
Massives von Stavelot (Belgien) unter besonderer
Berücksichtigung seiner tektonischen Prägung
1964. 83 Seiten, 23 Abb., 6 Texttafeln. DM 44,—

HEFT 1239
Dipl.-Geologe Dr.-Ing. Gert Michel, Geologisches
Landesamt Nordrhein-Westfalen, Krefeld
Untersuchungen über die Tiefenlage der Grenze
Süßwasser-Salzwasser im nördlichen Rheinland
und anschließenden Teilen Westfalens, zugleich
ein Beitrag zur Hydrogeologie und Chemie des
tiefen Grundwassers
1963. 131 Seiten, 12 Abb., 10 Tabellen, zahlr. Anlagen.
DM 71,—

HEFT 1260
Dr. med. Walter Sieber, Max-Planck-Institut für Ar-
beitsphysiologie, Dortmund
Die Bedeutung der Mechanisierung von Gewinnung, Ausbau und Versatz für die körperliche Be-
lastung des Bergmannes im Steinkohlenbergbau
1963. 113 Seiten, 72 Abb., 42 Tabellen. DM 60,—

HEFT 1315
*Dr. Eckhard Böke, Geologisch-Paläontologisches Institut
und Geologisches Museum der Universität Münster*
Rupturen in Kreide und Karbon am Südrand des
Kreidebeckens von Münster
*1963. 58 Seiten, 40 Abb., 2 Tabellen, 2 Anlagen.
DM 26,—*

HEFT 1363
*Dipl.-Geologe und Ingenieur Dr. rer. nat. Kurt Drägert,
Niedersächsisches Landesamt für Bodenforschung, Han-
nover
Im Auftrage der Montangeologischen Arbeitsgemeinschaft
für die westdeutschen Steinkohlengebiete, Bochum*
Pflanzensoziologische Untersuchungen in den Mittleren Essener Schichten des nördlichen Ruhrgebietes
*1964. 295 Seiten. 22 Abb., 4 Tabellen, 12 Bildtafeln.
DM 110,—*

HEFT 1396
*Dr. Axel Wendt, im Auftrage der Montangeologischen
Arbeitsgemeinschaft für die westdeutschen Steinkohlen-
gebiete, Clausthal-Zellerfeld*
Der Finefraunsandstein — Sedimentation und Epi-
rogenese im Ruhrkarbon
*1965. 62 Seiten, 15 Abb., 2 Falttafeln, 29 Photos.
DM 50,80*

HEFT 1397
*Prof. Dr. Franz Lotze und
Dr. rer. nat. Heinz-Hermann Schemann*
Beiträge zur Frage der Stockwerk-Tektonik im
Ruhrkohlengebiet IV
*Prof. Dr. Franz Lotze, Direktor des Geologisch-
Paläontologischen Instituts der Universität Münster
(Westf.)*
Allgemeines zur Frage der Stockwerk-Tektonik:
Tektonische Beziehungen zwischen Karbon und
Devon am Rande des Ruhrgebietes
Dr. rer. nat. Heinz-Hermann Schemann
Zur Stockwerk-Tektonik am Ostende des Rem-
scheid-Altenaer Sattels
*In Zusammenarbeit mit der Montangeologischen Ar-
beitsgemeinschaft für die westdeutschen Steinkohlengebiete
1965. 95 Seiten, 80 Abb.,
5 Übersichtsprofile im Anhang. DM 58,—*

HEFT 1418
*Dipl.-Geologe Dr. Günter Lensch, Geologisches Landes-
amt Nordrhein-Westfalen, Krefeld*
Die Möglichkeiten der Flözparallelisierung mit
kohlenpetrographischen Methoden am Beispiel der
Zollverein-Flöze im westlichen Ruhrgebiet
*1964. 43 Seiten, 5 Tafeln und 25 Anlagen im Anhang.
DM 36,80*

HEFT 1432
*Oberlandesgeologin Dr. Marlies Teichmüller,
Dr. Johannes Hartlieb und Dr. Günther Lensch,
Geologisches Landesamt Nordrhein-Westfalen, Krefeld*
Zur Petrographie der Karbon-Kohlen in bisher
unverritzten Kohlenfeldern des Münsterlandes
1965. 85 Seiten, 22 Abb., 2 Tabellen. DM 47,80

HEFT 1433
*Dipl.- Geologe Dr. Werner Ernst und Landesgeologe
Dr. Hans Werner, Geologisches Landesamt Nordrhein-
Westfalen, Krefeld*
Anwendung der Bor-Methode in den geologischen
Formationen zu ihrer besseren Unterteilung in
wissenschaftlichem und praktischem Interesse so-
wie Untersuchungen über die Bindung und Fest-
legung des Bors in natürlichen und künstlichen
Sedimenten
1964. 27 Seiten, 7 Abb. DM 14,—

HEFT 1458
*Dipl.-Ing. Ewald Schwarz, Institut für Mineralogie
und Lagerstättenlehre an der Rhein.-Westf. Technischen
Hochschule Aachen
Direktor: Prof. Dr. Doris Schachner*
Untersuchungen der Radioaktivität der Sedimente
des Steinkohlengebirges im Aachener Raum
*1965. 88 Seiten, 36 Abb., 15 Tabellen, 2 Falttafeln.
DM 46,50*

HEFT 1468
*Prof. Dr.-Ing. habil. Julius Hesemann, Geologisches
Landesamt Nordrhein-Westfalen, Krefeld*
Die Ergebnisse der Bohrung Münsterland 1
1965. 70 Seiten, 2 Abb., 18 Tabellen. DM 25,80

HEFT 1483
*Prof. Dr. Robert Potonié, Geologisches Landesami
Nordrhein-Westfalen, Krefeld*
Fossile Sporae in situ
Vergleich mit den Sporae dispersae
Nachtrag zur Synopsis der Sporae in situ
1965. 74 Seiten, 20 Abb. DM 29,80

HEFT 1484
*Dr. Julija Indans, Geologisches Landesamt Nordrhein-
Westfalen, Krefeld*
Mikrofaunistisches Normalprofil durch das marine
Tertiär der Niederrheinischen Bucht
*1965. 85 Seiten, 9 Abb., 1 Tabelle, 10 Tafeln.
DM 46,—*

HEFT 1517
*Dipl.-Ing. Walter Schinzel, Bergbau-Forschung, For-
schungsinstitut des Steinkohlenbergbauvereins, Essen*
Untersuchungen zur Herstellung von Spezialkok-
sen in Vertikalkammeröfen
1965. 51 Seiten, 25 Abb., 29 Tabellen. DM 29,80

HEFT 1605
*Prof. Dr. Karl Jasmund und Dr. Heinz Lange, Mine-
ralogisch-Petrographisches Institut der Universität Köln*
Adsorption und Selektivität an Na-, K- und Ca-
Kaoliniten und K-, Ca-Montmorilloniten mit radio-
aktiv merkiertem Rubidium, Cäsium und Kobalt

HEFT 1657
*Landesgeologe Dr. Hans-Diether Dahm und Dr. Horst
Pietzner, Geologisches Landesamt Nordrhein-Westfalen,
Krefeld*
Geochemische Untersuchungen an limonitischen
Gangausbissen im Raum Niedersfeld (Sauerland)
In Vorbereitung

HEFT 1671
*Dipl.-Ing. Werner Dürrfeld, Institut für Markscheide-
wesen, Bergschadenkunde und Geophysik im Bergbau an
der Rhein.-Westf. Technischen Hochschule Aachen
Direktor : Prof. Dr.-Ing. G. Hoffmann*
Untersuchungen über die Auslaufgefährlichkeit von
Flözen der steilen Lagerung innerhalb des
Rheinisch-Westfälischen Steinkohlenbezirks

Springer Fachmedien Wiesbaden GmbH